根本圭介[編]

原発事故と福島の農業

東京大学出版会

Six Years after the Fukushima Nuclear Disaster:
Impacts on Agriculture and Forestry
Keisuke NEMOTO, Editor
University of Tokyo Press, 2017
ISBN978-4-13-063367-3

はじめに

2011年3月11日，巨大な地震が東北地方を襲った．高さ10数mに達する津波が起こり，岩手県，宮城県，福島県を中心に1万4千人以上の方々が亡くなったが，津波の被害はそれだけではなかった．福島県双葉郡の海岸にある福島第一原子力発電所では，津波で電力補給が止まり原子炉の冷却装置が作動しなくなった結果，翌12日には炉が水素爆発を開始した．福島原発事故である．原子炉からは，3月15日をピークに放射性ヨウ素（ヨウ素131）や放射性セシウム（セシウム134およびセシウム137）などの放射性核種が大気中に多量に放出され，福島の農地や森林が広範に汚染されることになった．

福島県は全国でも有数の農業県である．福島県で生産が多いものは，作物ではコメ，キュウリ，トマトなど，果物ではモモ，ニホンナシ，リンゴなどである．これらの生産量を震災の前年である2010年についてみると，コメが全国で4位，キュウリとトマトがそれぞれ3位と7位，モモ，ニホンナシ，リンゴがそれぞれ2位，3位，5位と，どれについても福島県が国内の主要な生産地となっていることに驚かされる．これも2010年の数値であるが，材木生産量が全国7位，肉用牛の飼育頭数も全国7位である．農林業がこれだけ盛んな理由は，首都圏の大消費地に近いこともあるが，なにより気候が変化に富んでおりさまざまな農産物を栽培できるためである．福島県は，その中央を，大小の盆地（白河盆地，郡山盆地，福島盆地など）を南北に貫くかたちで阿武隈川が流れている．この阿武隈川の流域は「中通り地方」と呼ばれているが，この地方の，とくに北部は盆地ならではの夏の暑さのため，モモが驚くほど甘く熟する．中通り地方から分水嶺を超えて西側に入ると，山岳地帯が広がっており「会津地方」と呼ばれる．会津地方は寒暖の差が大きくイネの登熟に向くため，良質のコメが生産される．いっぽう，中通り地方の東側の分水嶺である阿武隈山地から東の海沿いの地域は「浜通り地方」と呼ばれる．この地域では古くから里

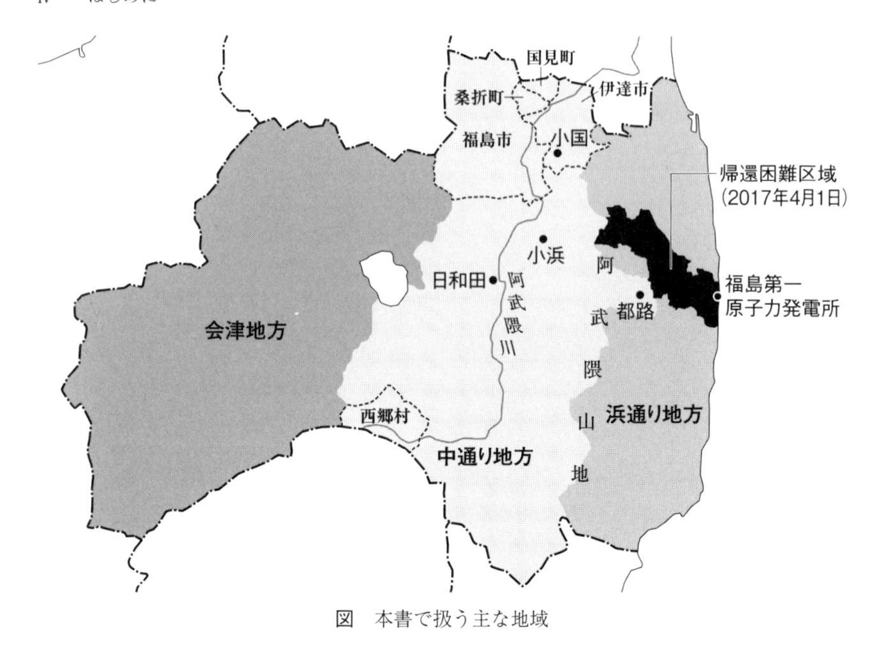

図　本書で扱う主な地域

山の利用が盛んであり，養蚕を含む多様な農業が営まれてきた（図）．

今回，放射性核種の降下を受けたのは，とくに「浜通り地方」と「中通り地方」である．降下した放射性物質のうち，とくにセシウム 137 は半減期が長く，長期にわたる影響が懸念されている．こうした放射性物質の一部は，作物や樹木に直接に降下・付着することによって汚染を引き起こした（直接経路による汚染）．植物体に付着することなく農耕地の土壌や山林の林床に降下した放射性物質は，今なお農作業中の被曝を引き起こしているほか，土壌を経由して作物や樹木の根から吸収され，生産物のさらなる汚染を引き起こしてきた（間接経路による汚染）．こうした汚染は，単なる食の安全の問題にとどまらず，農林業に携わる人達の営農活動そのものを直接間接に大きく阻害してきた．このことは，報道される機会こそ少ないものの，本書で紹介するように大変深刻な問題である．

事故後 5 年が経過した昨年あたりから，もはや福島の農業被害は風評被害の問題だけだ，といった論調が主流となってきている．しかし，現実は大きく異なる．たしかに，農作物のセシウム吸収はかなり低下してきたが，これは，カリウム肥料を田畑に多量に施用して作物のセシウムの吸収を抑制してきた効果が大きい．第1章で述べるように，カリウム増肥を止めると再びコメのセシウム濃度が食品の基準値を超えてしまう水田がまだ存在するのである．また，山林ではカリウム施用は現実的に難しく，そのため山菜は圃場栽培したものを除き，いまだに出荷制限が解除されていない地域が多い．農地の除染も，表土剝ぎが実施されたのは飯舘（いいたて）村など一部の地域だけであり，農作業時の被爆の問題はほとんど解決していない．いったい現場ではどういうことが起こったのか，現在の被害の状況はどうなのか，それによって農家の営農は今現在どういう影響を被っているのか，といったことが正確に伝わっていないなかで，風評被害論だけが蔓延している．いま，誰かがきちんと記録を残しておかないと今回の被害が永遠に歴史に埋もれてしまうのではないだろうか．本書は，このような危機感から生まれた．執筆者の専門はさまざまであるが，皆，大学の研究者という立場で，震災直後より福島の現場で農業被害の調査を続けてきた．著者の一人一人が，これまで私たちが経験したことのない災害に現地の皆さんとともに向かい合う過程でみてきたこと考えたことを，現場での調査結果に基づいて率直にお伝えすることが本書の目的である．

第1章では，伊達市で地域住民組織とともに続けてきたイネのモニタリングの結果を通して，今回の稲作被害について考察したい．第2章では，同じく伊達市を中心に果樹のセシウム吸収被害と流通対策への取り組みを紹介する．第3章では，しいたけ原木の産地として有名な田村市都路に焦点を当て，原木栽培の復興に向けた取り組みを報告する．第4章は，原発事故以来5年間にわたって家畜のセシウム吸収を調査してきた記録である．さらに補章として，生産者組織と消費者組織と大学の連携による土壌モニタリングについても触れる．

本書が，いま福島の農林業再生に向けて何に取り組む必要があるかを考えるきっかけとなることを，執筆者一同，心より願っている．

2017年7月　　著者を代表して　根本圭介

目　次

第1章　稲作
――伊達市小国でイネの放射線被害を追う

根本圭介

1.1　コメどころ福島

福島県は全国有数のコメどころである．県の農業生産額の内訳をみても，コメはその約4割を占め，また後述のように高齢化した中山間地の自給農業を支えているのもコメである．2011年3月に起こった福島第一原子力発電所（以下，福島第一原発）事故により，水田もまた放射性物質の降下に見舞われた．降下量の多かったのはセシウム137とセシウム134の2種の放射性セシウムであったが，その結果，県北を中心に高濃度の放射性セシウムに汚染されたコメが生じた．以来，イネのセシウム吸収を低減させるための，あるいはセシウム汚染米の流通を防ぐための対策が立てられてきたが，とくにセシウム137は半減期も約30年と長いことから，長期的視点に基づいた対策が今後も必要である．私も栽培学を専攻する一農学徒として，微力ではあるが，志を同じくする方々とともに現場で稲作復興のお手伝いを続けてきた．本章では，6年間にわたって私たち自身が実見してきたことを元に，今回の稲作被害とその復興の過程を振り返ってみたい．

今回の原発事故でさまざまな作物が放射性セシウムの被害を受けたことはいうまでもないが，それらの被害のなかで，コメだからこそ語れることが3つある．第1に，コメは主食であることから，後でくわしく述べる試験栽培や全量全袋調査，カリウム増肥の義務づけといった，踏み込んだ行政的対応がとられたということである．本章ではまず，このような対応がどのような経緯を経て実施されてきたのかをお伝えしたい．

第2に，イネは水生植物として養分吸収を含めた生理生態的特性が特殊化しているうえに，水田生態系そのものが物質循環に関して独自の特徴を持つことから，チェルノブイリ事故の類推だけでは解決できない問題がいろいろと生じた，ということがある．こうした喫緊の問題が今回どのような研究体制のなかでどのように検討されたかということも，記録として残しておく必要があるだろう．

第3に，イネは販売のためだけでなく自給のための作物としても重要性が高い，ということがある．もちろん，他の多くの作物と同様に，イネも現金収入を目的として商業栽培されることが多い．しかし，小規模な高齢農家などでは，同じ稲作であっても自己消費のための稲作が中心となり，販売に回されるコメは自己消費の余剰に過ぎない場合が少なくない．このような「自給的農家」がとくに多いのが，今回の原発事故によりイネの放射性セシウム被害を集中して受けた「中山間地」である．今回の農業被害については，市場における流通を前提として議論されることがほとんどだった．その結果，風評被害を含めた経済被害ばかりが問題となり，このような自給的な農業部門がどのような被害を被っているのかについては，ほとんど取り上げられてこなかったといってよい．しかし，事故後6年間福島に通って私自身が痛感したことは，高齢化した中山間地の食生活と環境保全にとって自給的な稲作がどれだけ大事であるか，ということだった．

以下，このような問題意識をふまえつつ，福島の稲作に起こった事柄を時間の経過に沿ってみていくことにする．

1.2　予期せぬ里山のセシウム汚染米——事故当時（2011年度）

1.2.1　事故直後の状況

東北地方太平洋沖地震の翌日（3月12日）に福島第一原発で最初の水素爆発が起こった．以後，海洋を含めた環境中に大量の放射性物質が長期にわたって漏出することになったが，農業被害の原因となった大気への漏出は，その大半が3月15日に起こったようである．3月18日に茨城県高萩市産のホウレンソウなどに高濃度の放射性ヨウ素が検出されたのが農作物汚染の最初の報道だったが，以降，さまざまな農作物で放射性ヨウ素やセシウムによる汚染が続々と見いだされた．

このような状況のなかで，福島県郡山市日和田にある県の農業試験場（福島県農業総合センター）から，東京大学大学院農学生命科学研究科に対して，放射性物質の農作物への移行についての調査を支援してほしいと要請があった．そのころ大学では，留学生の疎開や一時帰国の世話が一段落し，震災被害に対して農学関係者として何ができるのかを模索し始めたところだったが，試験場からの要請を受けた長澤寛道研究科長（当時）はただちに研究科で教員有志を募り，放射性同位元素施設の中西友子教授（当時）を座長とする支援研究グループを発足させた．もちろんそのための調査費があるわけでなく，手弁当のボランティア活動であったが，研究科内の教員約50人が参加した．そのときはまだ被爆に関する情報も乏しかったため，当面は学生を同行させず教員だけで調査を行うこととした．また風評被害への懸念から，得られたデータの公表については研究科と県の指示に従うことを申し合わせた．こうして，4月の末には農業総合センターを含む数カ所でモニタリング調査が始まった．私も農業試験場の小野勇治さんや藤村恵人さんとともに圃場試験を始めた．具体的には，チェルノブイリ事故の知見から作物のセシウム吸収抑制効果が知られていたカリウムを試験場の水田に増肥してイネのセシウム吸収における抑制効果を調べる試験（作物のセシウム吸収とカリウムとの関係については，1.3.1項参照）や，水田に世界のさまざまなイネを植えてセシウム吸収の程度に品種によって差があるのかを調べる試験が中心であった．

ここで，作物はいったいどのような経路によって放射性物質を取り込むのかについて説明しておきたい（図1.1）．放射性物質の作物への経路は，大きく分けると「直接経路」と「経根吸収経路」の2つがある．「直接経路」は大気中から降下した放射性物質が直接植物体の表面に付着するものであり，放射性物質が大気中へ漏出して間もない時期の主要な経路となる．上述のように，原発事故直後にホウレンソウを始めとする農作物に検出された放射性物質は直接経

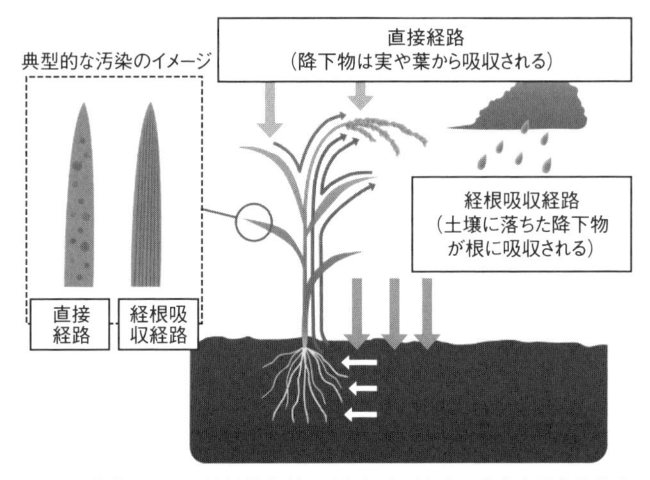

図1.1　作物における放射性物質の吸収経路（出典：東京大学大学院農学生命科学研究科"「農業環境」と「食の安全」を対象とした放射線の実践教育プログラム"講義用資料集（一部改変））

路によるものである．一方「経根吸収経路」は，環境中に降下した放射性物質がいったん土壌中に移動した後に作物根を通して吸収されるもので，直接経路とは異なり，放射性物質の漏出後もかなりの長期にわたって作物汚染をもたらす．今回の農作物の汚染のうち，現在も続いているものの大半は，果樹などを除くと，この経根吸収経路によるものと考えられる．

この経根吸収には放射性物質の土壌中での挙動が大きく関係することが知られてきた．セシウムは土壌に吸着・固定されやすい元素である．土壌への降下直後は比較的自由に土壌中を移動できるものの，時間の経過とともに土壌への吸着・固定が徐々に進行し，その結果，植物への移行が低下していくことになる．土壌によるセシウムの固定が植物へのセシウム移行を実際どの程度にまで抑制しているかということは，植物へのセシウム移行を水耕と土耕で比較してみるとよくわかる．私たちも，日和田の農業試験場の麦畑に降下した放射性セシウムを集めて水に溶かし，この水を使ってイネの水栽培を試みた（図1.2）．このときに使った水の放射性セシウム濃度は水1Lあたり1Bqという薄さであったにもかかわらず，育ったイネの葉には，乾物1kgあたり600Bq近い高濃度の放射性セシウムが蓄積した．これは，実に土壌からの吸収の数千倍の効

図 1.2　水耕条件におけるイネの放射性セシウム吸収（根本 2012a）

率に相当する．震災後，土壌から作物への放射性セシウム移行を防止する目的で，しばしば野菜の水耕栽培が被災地で推奨された時期があったが，植物にとって水からのセシウム吸収は土壌からの吸収とは比べものにならないほど容易であることを考えると，水耕栽培を行う際には用水の放射性セシウム汚染に細心の注意が必要だろうと考え，この結果は東京大学における公開報告会（根本 2012a）や NHK の番組などを通じて情報発信した．繰り返すようだが，1 L の水の中に 1 Bq という放射性セシウム濃度は，通常の測定では検出に骨折るような，ごくごく低い濃度なのである．

ただし，この土壌への吸着・固定の強さは土壌の種類によって異なることが知られている．砂はセシウムを吸着・固定する力に乏しいので，砂質の土壌の中ではセシウムが比較的移動しやすく，作物を栽培すると経根吸収が起こりやすい．一方，粘土は一般にセシウムを吸着し固定する力が強い傾向があるため，粘土分を多く含む土の中ではセシウムは移動しにくいうえに，セシウムの経根吸収も少ない傾向がある．

1.2.2　事故当年におけるイネのセシウム被害

では福島の田畑の土壌はどうなのだろうか．5 月の始めに，研究科の支援研究グループの塩沢昌教授（農地環境工学）が中心となって日和田の農業試験場の土壌調査を行った．この頃までには試験場の水田も大半が耕起され，3月に降下したセシウムは作土（耕地のうち，作物を栽培するために耕起される土層．ふつう，耕地の表層から10-20 cmが耕起され，作土となる）層全体に拡散してしまっていたが，塩沢教授は試験場内にわずかに残っていた未耕起の水田に目をつけ，降下したセシウムが土壌中を自然のなりゆきでどの程度動いているかを調査した（塩沢ら 2011）．驚いたことに，降下後2カ月近くが経過したにもかかわらず，セシウムの大半はいまだに地表数センチメートル以内にとどまっていた．このことは，原発事故で農地に降下した放射性セシウムが，土壌に強く吸着・固定されることにより移動性を失ってしまっている，ということを意味していた．

やがて田植えも終わり，本田の調査が始まった．試験場の水田のセシウム濃度は作土1 kgあたり3,000 Bqもあったが，そこで育つイネの苗を測定してみると，セシウムの濃度は検出限界に引っかかるかどうかというきわめて低い値であった．この吸収量は，当初予想されていた吸収の1-2桁低い値に当たる．当時，私たちは日和田の農業試験場以外の圃場で採取されたイネもかなり調査していたが，やはり，農業試験場のイネと同様にセシウム濃度は軒並み低かった．この結果には，私たちもいささか拍子抜けしたほどだった．

それでは福島の水田土壌のセシウム固定能力を実験的に確かめてみようと，放射性同位元素施設の田野井慶太郎助教（当時）らは巧妙な実験に挑戦した．試薬として購入したセシウム137を福島の水田土壌に添加したうえで，その動きをモニターで追ってみたのである．その結果，1）セシウム137は添加されると瞬時に土壌に吸着されてしまう，2）いったん土壌にセシウム137が固定されてしまったら，そこにイネを移植してもセシウム137はわずかしかイネへ移行しない，という事実がモニター上でも確認された（田野井 2011）．福島の水田土壌がセシウムを吸着・固定しやすい理由として考えられたのは，福島の水田土壌が粘土を多く含むことだった．

このような状況をふまえて，その年の秋に収穫されるコメのセシウム汚染はさほど心配しなくてよいレベルに落ち着くだろうと，私たちを含む大半の研究者・技術者は，今にして思えばはなはだ楽観的な予想を立てた．

9月になって，その年の収穫が始まった．予想どおり，日和田の農業試験場で実ったコメのセシウム濃度はきわめて低かった．すなわち，通常の測定では放射性セシウムはほとんど検出されず，測定精度をあげるために測定時間をいつもの数倍に延長することによって，ようやく玄米1kgあたり数ベクレルといった値が得られる，といった具合であった．前述の，世界のコメ品種を植えた水田もまったく同様で，なんとか数値を得るために測定時間を延長すると，1日にわずか1, 2サンプルしか値が得られない．そのため，すべての品種を測定することは諦めざるを得なかった．県による組織的な調査でも，その半分が終了した9月中旬の時点において，大半の調査地点で玄米のセシウム濃度は検出限界値以下であり，最高でも当時の規制値（玄米1kgあたり500 Bq）の4分の1程度の値に過ぎなかった．この時点で福島県知事は「コメの安全宣言」を出した．誰もが，福島のコメの放射線被害はこれで収束するだろうと思った．

事態が一転したのは，その10日後の9月23日のことだった．二本松市の小浜地区にある水田から，セシウム濃度が当時の暫定規制値である500 Bq/kgに達するコメが収穫された，というニュースが流れたのである．この水田の土壌のセシウムは3,000 Bq/kgと日和田の農業試験場の水田とほとんど変わりないレベルのようであったが，玄米1kgあたり500 Bqというセシウム濃度は，農業試験場のコメのおよそ100倍のセシウム濃度である．ただちに中西教授や田野井助教，農業試験場の藤村さんと意見交換を行った．試験場などで得たデータから判断すると，3,000 Bq/kg程度の土壌から単純な経根吸収でこれほどの吸収が起こるというのは考えにくいが，かといって他になにか思い当たる要因もない．マスコミの取材に対しても「これまでに他所で得られた数値から考えると，今回の汚染は収穫時における土壌の付着などの可能性も否定できないので，過度に神経質にならず，まずは冷静に原因を突き止めることが肝心」というような，内容に乏しいコメントしかできなかった．

それからしばらくの間，私たちは塩沢教授を中心に，この二本松の水田の調査を行った．幸い，現地を取材していたNHK科学文化部の森山睦雄記者にこの水田を管理している農家の方を紹介いただくことができ，10月6日に現地を訪問した．現場は阿武隈山地の一角にあった．いっけん水田などどこにもなさそうな風景だったが，その農家の母屋の裏にある谷に降りて沢をさかのぼっていくと，源頭部に5枚の棚田がみえてきた．周囲を美しい広葉樹林に囲まれた棚田で，引き込んでいる沢水は栄養分に富むよい水だという農家の方の話が印象的だった．500 Bq のセシウムが検出されたコメは上から2段目の水田で収穫されたとのことだったが，私たちが現地を訪れたときには一株残らず県が持ち帰った後だったため，その日は周囲の森林の落ち葉と水田土壌だけを持ち帰るにとどまった．

10月19日になって，この水田に関する県の見解が公表された．それによると，1）この水田の玄米は県であらためて測定したところ 470 Bq/kg であって，暫定規制値 500 Bq/kg を超えてはいなかった，2）この水田は「きわめて稀なケース」であって，コメの出荷の問題は一段落ついた，という内容だった．

しかし，翌11月には，二本松の水田が「きわめて稀なケース」とはいえなくなってしまった．セシウム濃度が 500 Bq/kg を超える玄米が，阿武隈山地北部（福島市の大波地区や渡利地区，伊達市の小国地区など）から続々と見つかったのである．それらの中には，セシウム濃度が 1,000 Bq/kg を超すケースさえあった．500-1,000 Bq/kg というセシウム濃度は，日和田の農業試験場を含めた平坦地の圃場のコメの100倍あるいはそれ以上に相当する濃度であり，驚異的なセシウム吸収であったが，不思議なことに，同一地域のなかでも隣り合った水田の一方が数百ベクレルであるのに対して他方は検出限界値以下，といったような事例も多く，このような異常なセシウム吸収の原因をチェルノブイリ事故の知見から類推することは困難だった．こうした事態に，福島県も「コメの安全宣言」を撤回せざるを得なくなった．

12月27日，農林水産省（以下，農水省）はこのような状況をふまえ，翌2012年に向けたイネの作付けに関する考え方を公表した．それは，「コメのセシウム濃度が暫定規制値を超えた地区は，旧市町村単位で翌年（2012年）の地区全体の作付けを制限する」という内容であった．

1.2.3 「作付規制」と「試験栽培」

農水省がコメの暫定規制値超えが生じた地域を作付け制限する方針を発表した翌日，私たちは長澤研究科長から「農林水産省の方針は妥当だろうか」という問題提起を受けた．たしかに，汚染米を一粒たりとも流通させたくないとい

図 1.3　記者会見を行う長澤寛道研究科長（中央）．2012 年 2 月 16 日（写真提供：田野井慶太朗氏）

う県の気持ちを考えれば，一律に作付け制限を，という話もわからないわけではないが，イネのセシウム吸収の経年変化をみることもせず最初から厳しい作付け制限を行うことが結果として水田の荒廃や営農意欲の低下を招いてしまう可能性を，研究科長は危惧されたのである．

事故当年の秋に規定値 500 Bq/kg を超えるコメが多数収穫された地区が県北に集中していたことは先に述べたとおりだが，とくに被害の甚大だったのが伊達市であった．年が明けると，私たちは伊達市役所に仁志田昇司市長を訪ねることにした．市長や産業部の方々から「多くの農家が，セシウム吸収の要因解明と水田の作付け継続を強く望んでいる」とうかがった私たちは，2 月 14 日に大学で記者会見を開き，「コメのセシウム濃度が暫定規制値を超えた地域は，国や農林水産省，大学などが連携したうえで，当該地域を試験的な圃場として作付すべきである」と提言した（図 1.3）．

私たちの提言は，一般の方々から「試験栽培で収穫された汚染米は，すべて東大の学食で消費せよ」などとお叱りを受けた．しかしながら最終的には，500 Bq/kg 超えのセシウム汚染米が収穫されたことにより平成 24（2012）年産米の作付けが制限されることになった地域であっても，試験栽培だけはなんとか実施できることになった．

1.2.4 「小国試験栽培支援グループ」の結成

霊山町小国地区は，伊達市のなかでもとくにコメのセシウム被害が多かった地区である．世帯数は400余りで，大半の世帯が兼業も含めて農業を営んでいるが，その中心は稲作である．福島第一原発からの距離では約60 km と郡山市と変わらないが，原発事故時には風向きや天候の関係で多くの放射性物質が飛来した．それでも，小国の場合は隣の飯舘村のように地域全体が避難を義務づけられるところまではいかなかったが，1戸ごとに線量を測定し，線量が高かった世帯に対しては個別に避難を促すという「特定避難勧奨地点」に指定された．その結果，小国では全世帯の約2割が避難生活に入ることとなったが，結果的に特定避難勧奨地点の指定を受けた世帯と受けなかった世帯の間で，東京電力から受ける慰謝料の額に大きな格差が生じたことから，世帯間に大きなわだかまりが生じてしまったという．この，分断された地域の気持ちを1つにまとめようと，事故当年の9月に佐藤惣洋さん（元・伊達市役所霊山総合支所長）らが中心となり「放射能からきれいな小国を取り戻す会」（以下，「取り戻す会」）が設立された．この会には小国の大半の世帯が参加しており，福島大学経済学類の小山良太准教授（当時）らの支援を受けながら，地域住民による空間線量率の測定をはじめとするさまざまな活動を展開していた．

すでに述べたように，事故当年の暮れ，県と農水省は「暫定規制値（500 Bq/kg）を超えた玄米が収穫された地区は，翌年は地区全体を作付け禁止」とする方針を打ち出した．そのため小国も作付け規制の対象となったが，市の農政課から「取り戻す会」が地区として試験栽培に協力する意向であるとうかがい，ただちに小山准教授にお会いして，試験栽培への協力をお願いした．以来，私たちは試験栽培に関して，「取り戻す会」の皆さんと福島大学の小山グループから絶大な協力をいただくことになった．

小国で試験栽培を行うにあたり，私たちは東京農業大学土壌学研究室の後藤逸男教授にも協力をお願いした．後藤教授は大学での研究のかたわら「全国土の会」を主催し，長年にわたり農家への土壌改良指導を推進されてこられたが，事故当年は，土壌のセシウム汚染に関して伊達市の農協（JA 伊達みらい）の相談役として活躍されていた．ちょうど，私たちの仲間内では土壌の化学分析の専門家がいなかったこともあり，小国試験栽培に関わる土壌分析を担当していただくこととなった．こうして，東京大学・福島大学・東京農業大学の有志からなる「小国試験栽培支援グループ」ができた．2013 年以降の継続調査も含め，グループのメンバーとして調査に加わった大学教員は，以下のとおりである（敬称略，五十音順）：阿部淳，大手信人，田野井慶太朗，二瓶直登，根本圭介，野川憲夫，山岸順子（以上，東京大学），石井秀樹，小松知未，小山良太（以上，福島大学），後藤逸男（東京農業大学）．

なお，前述のように私たちは現地での支援研究を教員のみで行うことを申し合わせていたが，当初より学生の中にはこうした活動に参画したいと希望するものが少なくなかった．そのため，試験栽培を始める頃には，帰還困難地域などを除き，希望する学生は現地調査に参加してもよいことになった．栽培学研究室では，修士課程でイネの不良土壌耐性を調べていた大山祥平君が，研究題目を切り替えて試験栽培のサンプル測定とデータ整理を受け持つことを申し出てくれた．試験栽培終了直後，すみやかに成果報告会を開催できたのは，この大山君の努力に追うところが大きかった．

1.2.5　農水省との協議

しかし蓋をあけてみると，農水省が示した試験栽培のガイドラインは私たちの想定とはかなり異なるものだった．問題は試験の規模であって，数は 1 地区に 1 圃場程度，しかも試験田には全面に作付けするのではなく水田内の 10 m 四方程度に限って作付けせよ，とのことである．

たしかに，汚染米を出させたくないという立場はよくわかるが，「1 地区に 1 圃場程度」の規模の試験栽培で明らかにできることは，自ずと限界がある．前述のように事故当年の秋には，隣り合った水田の一方のコメが数百ベクレルで他方は検出限界値以下，といった現象が，汚染米の収穫された地区に共通して起こった．このような水田の間の吸収要因の違いが明らかとならない限り，今回の稲作被害の根本的解決は難しい．しかし，事故当年は，コメのセシウム汚染が問題となったときには農家はすでに収穫を終えており，農家は所有する複数枚の水田のコメを一緒にして袋詰めした後だった．そのため，どのコメがどの水田で収穫されたかを正確に辿れるコメはむしろ例外的であり，それぞれの水田のセシウム吸収要因を明らかにするためには事故翌年のデータが必要だった．1つの地区に1つの試験田では，吸収要因を解明するための糸口が永久に失われてしまう．

私たちがこの問題にこだわったのには理由があった．事故当年の秋に小浜で高濃度のセシウム汚染米が収穫された際，私たちが現地を訪れたときには当該の水田は一株残らず刈り取られた後だったことはすでに述べたとおりである．しかし，その数日前に現場を取材したNHKの取材班に対して，農家の方は刈り取り前の水田からイネを2株掘りあげ，その調査を託していたのである．この2株は，前出の森山記者を通じて私たちの許に届いた．何分にも貴重な試料であることから，可能な限り有用な情報をこの2株から引き出さなければならない．そこで思いついたのが，吸収されたセシウムがイネの体内でどのような分布をしているかを調べてみることだった．いったん植物体に吸収・蓄積された後での体内移動が少ない物質であれば，その体内分布から，植物が成長するにつれて吸収がどのように変化してきたかというパターンを読み取ることができる．調べてみると，日和田の農業試験場のイネ（玄米のセシウム濃度は5 Bq/kg前後）では下の葉から上の葉へとセシウム濃度が低下したのに対して，470 Bq/kgの玄米が収穫された小浜の水田では逆に上の葉ほど高い傾向があった．この結果はNHKの「クローズアップ現代」で放映されたが，小浜の水田では上位の葉が成長した盛夏に多量のセシウムがイネに吸収されたことを示唆している．私はその原因として，夏季に山林の落ち葉などが分解され，放出されたセシウムが水とともに水田に流れ込んでイネに吸収された，といった可能性を危惧した（根本 2011）．後で述べるように，現在の目でみると「夏場の落ち葉の分解によって，事故後も長期にわたって森林から用水に多量のセシウムが流入する」という当時の私の危惧は過大な心配であったようだが，私たちが「セシウム汚染米が収穫された水田の環境の特殊性を明らかにしない限り，問題はいつまでも解決しない」という考えを抱くきっかけとなったのは，森山さんからいただいた2株のイネだったのである．

こうして，私たちと伊達市は，試験栽培を面的に広げることにこだわった．なかでも，「国が駄目というのなら，市の予算で試験を実施する」と，試験栽培の実現にご尽力くださったのが，伊達市産業部の佐藤芳明部長（当時）と鹿股敏文副主幹（当時）である．佐藤さんは2016年の春に定年を迎えられたが，震災直後の混乱のなかで，幅広い人脈を駆使して多量のガソリンをかき集めることにより市の復旧活動を根底から支えた功績は，今も市役所の語り草となっている．佐藤部長と鹿股主幹は試験栽培を巡って農水省と交渉を繰り返してくださり，その結果，収穫されたコメが流通しないよう伊達市が責任をもって対処することなどを条件に，小国地区に関する私たちの試験計画が認められた．農水省との約束を果たすため，試験期間中はモニタリングに直接関係のない自家用の水田の状況まで，佐藤部長は1枚も見落とすことなく目を光らせてくださった．私はいまでも，あのとき佐藤さんが産業部長でなかったら，あの形での試験栽培は実現していなかったと思っている．

1.3　大規模な試験栽培——事故翌年（2012年度）

1.3.1　試験栽培と「カリウムによるセシウム吸収低減」

こうして，原発事故から1年あまりが過ぎ，2012年の稲作の準備が始まる季節となった．このころ，試験栽培に関して大きな動きがあった．まず，コメの規制値超え地帯での試験栽培の費用として，農水省の「GAP推進費」を充てることが決まったことである．「GAP」（Good Agricultural Practiceの略）とは農産物の認証制度の1つであって，施肥や農薬散布，収穫後の管理といった農薬農産物の生産工程に数多くのチェック項目を設けたうえで，そのすべてが適正に行われている農家の生産物に安全・高品質のお墨付きを与えるという取り組みである．この制度を推進するための経費の一部をイネの試験栽培の費用に充てることを，農水省が決定したのである．試験栽培を通して，イネにセシウムを吸収させないための栽培管理法を確立し，安全なコメ生産のためのGAPのチェック項目としよう，という考え方である．さらに，試験栽培は農水省ではなく福島県が主体となって行うことになった．私たちは前述のように，小国の試験栽培を実施するにあたっては，各農家が例年行ってきた栽培法どおりに試験することを大原則としてきたのだが，GAP推進費の趣旨に合わせて試験田に多量のカリウム肥料を入れるよう，県から修正を求められた．

ここで，作物のセシウム吸収とカリウムとの関係について簡単に説明しておきたい．土壌を構成する砂や粘土の割合が植物によるセシウムの吸収に大きく影響することを述べたが，植物のセシウム吸収に大きく影響する土壌の要因がまだある．それは，土壌中のカリウム，とくに植物が吸収可能な形態のカリウムである．植物にとってカリウムは「3大栄養素」の1つであり，残り2つの栄養素である窒素・リンとともに複合肥料には必ず入っているほか，塩化カリウムや珪酸カリウムなどの単肥（単一成分だけの肥料）としても施用される．そもそも，セシウムは植物にとって必要な元素ではないのだが，カリウムと化学的性質がよく似ていることから，土壌中にセシウムがあると植物はカリウムと間違えて吸収してしまうのである．このようなセシウムの“誤飲”は，土壌中の吸収可能なカリウム（“交換性カリウム”と呼ばれる，土壌粒子の表面に電気的に吸い寄せられているカリウムイオン）が少ないほど起こりやすいとされてきた．事実，農水省が中心となって行った，事故当年におけるコメの規定値超えの要因検討でも，玄米のセシウム濃度が500 Bq/kgを上回った水田の多くは土壌中の“交換性カリウム”が極端に少ない水田であったことが確認されている（農研機構 2013; 農林水産省・福島県 2014）．

こうした土壌中のカリウムと植物によるセシウム吸収との関係は以前より知られてきた．実は，私たちも事故当年に農業試験場の藤村さんや小野さんと共同でイネのセシウム吸収に及ぼすカリウム施肥の影響を調査していた．そのときには通常のカリウム施肥と通常の3倍量のカリウム施肥を比較したのだが，イネのセシウム吸収がカリウムの増肥の影響をほとんど受けなかったため，私たちは土壌中のカリウムの影響を過小評価してしまった．しかし，上記の小浜や大波のデータを見ると，イネがセシウムを吸収するのは，通常の水田のカリウム濃度の半分にも満たないような，具体的には土壌100 gあたりの交換性カリウム濃度がK_2O換算で10 mgを下回るような極端な“低カリウム”水田に限られるようであった．そこで，試しに470 Bq/kgの玄米が収穫された小浜の棚田の水田より持ち帰った土壌に慣行栽培レベルの塩化カリウムを施用してイネをポット栽培してみたところ，カリウム添加によりイネのセシウム吸収は10分の1に抑制され，改めてカリウムの重要性を思い知らされた（根本 2012a）．

コラム1 土壌の構成要素とセシウムの吸着・固定能力，交換性セシウム

土壌の生成は，岩石や火山灰などの風化が出発点となる．この風化には，岩石の塊が物理的に砕片化して砂やシルトになる風化（物理的風化）と，物理的風化によって生じた砂やシルトがさらに化学的に変成して新たな結晶構造をもつ「粘土鉱物」を作っていく風化（化学的風化）の，異なる2つのプロセスが含まれる．さらに，そこで生活する動植物からの有機物の供給が加わる．動植物の排泄物や遺体のうち，容易に分解される部分は二酸化炭素として大気に戻ったり無機態の養分となって植物根から吸収されたりするが，短期的には分解されにくい高分子物質は「腐植物質」として土壌中に蓄積されていく．

このようにしてできた土壌はさまざまな陽イオンを保持する働きがある．この働きがあるがゆえに，アンモニウムイオンやカリウムイオンを始めとする植物の栄養素が「肥沃さ」として土壌に貯留されるわけであるが，同じことはセシウムについても起こる．上記した土壌の構成要素のうち，腐植と粘土鉱物は，その表面が負の電荷をもっているために，セシウムイオンを含む陽イオンをクーロン力によって引きつけ，保持する．したがって，粘土や腐植に富む土壌は，多量のセシウムイオンを抱え込むことができるが，他の栄養素と同様に，このクーロン力によって保持されているセシウムは植物根によって容易に吸収されてしまう．この，土壌に保持されてはいるものの植物根が容易に吸収することのできるセシウムを「交換性セシウム」という．

こうしたクーロン力による保持に加えて，土壌がセシウムを保持するもう1つの仕組みがある．粘土鉱物が結晶構造をもつことはすでに述べたが，この結晶構造とは具体的にはパイの生地のような薄層の積み重ね構造をとっている．この層と層の隙間のサイズは粘土の種類，具体的には，その粘土鉱物がどんな鉱物の風化によって生じたかによって異なっているが，興味深いことに，雲母の風化によって生じた粘土は，その隙間がちょうどセシウムイオンの直径に近いサイズとなっているという．このため，雲母の風化によって生じた粘土鉱物の結晶の隙間にはまり込んだセシウムイオンは，再び隙間から出てくることが難しいという．クーロン力によって保持されたセシウムとは異なり，粘土鉱物の結晶構造の隙間に固定されたセシウムは，植物根も容易に吸収することができない．したがって，花崗岩のように雲母を多く含む岩石の風化によって生じた土壌は，高いセシウム固定能力をもつといわれている．

試験栽培の実施方法として農水省と県が示したことは，まさにこのカリウムの吸収低減効果を現場で確認せよということであった．事故当年にコメが規制値超えした水田に塩化カリウムや珪酸カリウムを十分量施用したうえでイネを栽培し，期待どおり「きれいなコメ」が収穫できれば，ひきつづきカリウム肥料を施用しつづけることを条件に翌年（2013年）からの商業栽培を県が許可する，ということなのである．

1.3.2　吸収抑制対策を行わない試験栽培の必要性

しかし，このような試験栽培のやり方にも問題がないわけではない．繰り返しになるが，事故当年の秋には，隣り合った水田でもコメのセシウム汚染は大きく異なった．このような水田の間の吸収要因の違いこそが最大の問題であるはずだが，どのコメがどの水田で収穫されたかが正確に辿れるケースは前述のようにきわめて限られている．そのため，1つ1つの水田のセシウム吸収要因を明らかにするには事故翌年にデータを取り直すことが必要不可欠であるはずだが，すべての水田のセシウム吸収をカリウム施肥によって抑制してしまったら，水田ごとのセシウム吸収要因を解明することが永遠に不可能となってしまうのである．

もう1つの問題は，今後，どのような経年変化を経てイネのセシウム吸収が低下し終息していくのかという過程を明らかにできなくなることである．イネのセシウム吸収をカリウム増肥によって抑制するのは確かに重要だが，カリウム増肥をいつまでも続けるわけにはいかない．カリウムの散布費用が農家の自弁となった場合には，カリウム散布の継続は農家にとって大きな金銭的負担となる．そうでなくても，稲作農家の中には，食味向上その他の理由から，震災前よりカリウムの施用量の軽減化に取り組んできた方が少なくなく，このような農家にしてみると，カリウムの増肥自体がいい迷惑である．いつの時点でカリウム増肥による吸収抑制を打ち切るかを判断するためには，慣行的な管理のもとでイネのセシウム吸収のモニタリングを続け，「カリウム増肥をしなくても，もはやイネがセシウムを吸収する恐れはなくなった」時期を見極めなければならない．規制値越えしたすべての水田に試験栽培と称して多量のカリウムを投入してしまうと，このような慣行栽培条件下でのセシウム吸収の経年変化

図 1.4　試験田と「取り戻す会」の皆さん（2012 年 6 月 4 日）
波板の内側にはカリウムを増肥している．

を追うこと自体が不可能となってしまうのである．「取り戻す会」もまた，「試験栽培によってイネのセシウム吸収要因が解明されるまではカリウムによる吸収抑制対策を受け入れない」という考えをもっておられ，そのため，私たちとまったく同様に“あるがままの水田生態系”での試験栽培を希望していた．

このときもまた，伊達市の佐藤芳明部長と農林課の皆さんが，「GAP 推進費が使えないなら，市の予算で試験を実施する」と頑張ってくださった．伊達市と県のこうした軋轢は，ついに新聞報道されるまでになった．以下は，『毎日新聞』（福島版）の 4 月 25 日付の記事である（ちなみに文中の「除染」とは，カリウム増肥などの吸収抑制対策を水田に施すことを意味する）：

> 旧小国村（約 6 ヘクタール）での試験栽培は収穫後に除染する．このため，作付け前に除染する国の方針に合わないとして農水省と県は「安全な米を作るための実験でなく，交付金は支払えない」としている．これに対し，仁志田昇司市長は「国の責任の原発事故に伴う事業で，費用を負担すべきだ」と批判した．

このように「安全な米を作るための実験ではない」とまでいわれた私たちの計画であったが，試験開始が迫ってきた5月下旬に，思いがけず事態が急展開した．「すべての試験田にカリウムを入れてしまったら，将来，大変なことになる」という私たちの主張に農水省生産局が理解を示してくださったのである．その結果，田植えの1週間前になってようやく，試験田の一部を波板で囲んで吸収抑制を行うことにより（図1.4），60枚全部の試験を「公の試験」として認めてもらえることになった．このことは，後日，私たちの試験栽培の知見が稲作のみならずため池除染などの施策にも活用されることにつながっていった．

1.3.3　小国の試験栽培

こうして，なんとか5月末には試験栽培に漕ぎ付けることができた．小国地区は阿武隈山地の北部に位置する丘陵地帯である．南北約8kmにわたって美しい里山が広がっており，その中央には小国川が流れている．地区の南端は天井山（てんじょうやま）という山で，小国川はここから流れ出ている．小国川沿いの水田は，用水として川の水を使うところが多い（図1.5）．いっぽう，川から離れた水田は沢の水を使うが，雨の少ない年には沢の水だけでは足りなくなるので，たくさんのため池が作られている．こうしたさまざまな環境の水田41筆60枚の水田をお借りして，試験を実施した．これら40枚の水田は環境的に多様であるだけでなく，事故当年のコメのセシウム濃度も0Bq（検出限界値以下）から700Bq台と，きわめて多様であった．うち4筆5枚はセシウム吸収の低減資材（ケイ酸カリウム＋ゼオライト，各200kg/10a）を全面に施用したが，残りの55枚は低減対策を行わず例年通りの施肥管理と水管理を行った[1)]．ご協力いただいた方々（敬称略，五十音順）は，石上一成，石上政一，狗飼功，梅澤好雄，大波文雄，大波盛雄，菅野金一，菅野重治，菅野庄四郎，菅野忠，菅野平司，菅野昌信，菅野正人，佐藤惣洋，佐藤久男，佐藤幹夫，佐藤吉雄，佐藤好孝，佐藤芳和，清野芳光，高野佐平，高野弘道，高橋勝宣，高橋忠男，高橋洋一，千葉幹夫，平中利明，森藤辰夫，森藤春雄，八島芳広，渡辺栄，渡邊武，渡辺長之助，渡辺徳裕の皆さんである．お世話になった皆さんには，その後もモニ

1）ただし，これら55水田も1筆ごとに波板で2坪の区画を設け，ケイ酸カリウム（200kg/10a）を施用した．

図 1.5　小国地区の水田風景（根本 2012b）

タリングの報告会で毎年のようにお目にかかっているが，調査のたびに缶コーヒーを差し入れてくださった千葉幹夫さんは試験開始の翌春（2013 年）に 71 歳で亡くなられた．2015 年には菅野庄四郎さん（69 歳），2016 年には八島芳広さん（65 歳）も亡くなられた．

試験は市町村による管理が原則となっていたため，代（しろ）かきと田植えは農業生産法人を主催されている高野弘道さんに市が委託する形で実施したが，水管理や薬剤散布などは水田をお借りしている農家の皆さんにお願いすることになった．1 回目のモニタリングを 7 月に行ったところ，早くも茎葉が乾物 kg あたり 1,000 Bq を超える水田がいくつもあったのには驚いた．日和田の農業試験場などではみたことのないレベルのセシウム濃度である．

それでも，秋の収穫を経て玄米のセシウム濃度を測定したところ，55 水田のうち 41 水田の玄米が 100 Bq/kg を下回った．これらの水田の中には，1 年前（＝事故当年）に数百ベクレルの玄米が収穫された水田もかなり含まれていた．このことから判断すると小国地区におけるイネのセシウム吸収は，平均的な傾向としては確実に低下しつつあるとみてよさそうだった．なお，玄米が 100 Bq/kg を超えた 14 枚の水田は，大半が 8 月に茎葉が 400 Bq/乾物 kg を超えた水田と一致しており，出穂期における茎葉のモニタリングが収穫時の玄米の汚染予測に有効であることも確認できた．この 14 水田はいずれも小国川沿いではなく支流域に位置する水田であり，何か地形的な要因がセシウム吸収に

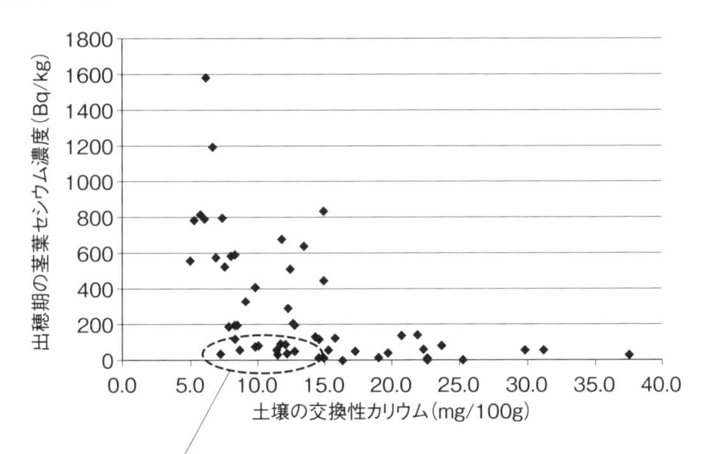

図 1.6　小国地区の試験田における土壌の交換性カリウム濃度（K_2O 換算）とイネのセシウム吸収との関係（根本 2012b）

関与している可能性が考えられた（図 1.6）．

以上は低減対策をいっさい施さなかった場合の結果であるが，ケイ酸カリウム＋ゼオライトによる低減対策水田（4 筆 5 枚）および 2 坪ケイ酸カリウム施用区（37 筆 39 枚）についてみると，玄米が 100 Bq/kg を越えた水田は皆無（最高 79 Bq/kg）であり，ケイ酸カリウムによる低減効果は十分にあるものと判断された．こうした結果を，地域の皆さんから「心強い結果」と喜んでいただけたことは，私たちにとって大きな励みとなった．

イネが高濃度のセシウムを吸収した水田（14 水田）の約半分は，たしかに土壌中の交換性カリウム濃度が水田土壌の改良目標値の半分に満たない水田であり，水田のカリウム濃度がコメのセシウム汚染の重要な要因となっていることが確認された．たしかに，近年，福島に限らず全国的に水田中のカリウムが低下しているという話をよく聞くが，この大きな理由は，農家が減肥料を心がけるようになったからである．今日，食の安心安全への指向を受けて，化学肥料や農薬を慣行の半分以下に抑えて栽培した農作物は「特別栽培農産物」の認定を受け，その結果としてプレミアムが付く仕組みとなっている．とくに，小国地区を含む伊達市は篤農家が少なくなく，この「特別栽培米」に取り組む農家はかなり多い．また，このように減農薬栽培した水田から刈り取られた稲藁は畜産農家から引っ張りだこであり，秋の収穫後は水田に戻さずに売却あるいは譲渡されることが多い．このことも，稲藁に多く含まれるカリウムが土壌に還元されにくくなっている大きな理由である．しかし，こうした取り組みを行っている農家の水田にカリウムの欠乏症状が生じているかというと，けっしてそのようなことはない．日本は灌漑水や土壌鉱物からのカリウム天然供給が潤沢であるため，湿田[2)]のような環境でないかぎりイネにカリウム欠乏症は滅多に生じないのである．

このように，水田土壌中のカリウム施肥量はそれぞれの農家の経営のなかで最適化されてきたものであり，そのことを考慮せずに第三者が勝手に「土作りへの取り組みが足りない」などと批評するのは，あまり感心できない．そもそも，カリウムを増肥する必要のない，あるいは増肥したくない農家にとって，セシウム吸収抑制のためにカリウムを増肥しなければならないこと自体が大きな被害なのである．

なお，カリウムが少ない水田はすべて玄米のセシウム濃度が 100 Bq/kg を超えていたというわけではなく，後述のように，カリウムが少ないにもかかわらず玄米がほとんどセシウムを蓄積しなかった水田もみられたが，これについては後であらためて述べる．

以上が小国の試験栽培の結果の大要である（根本 2012b）．規模としてははるかに小さいながら，小国以外で行われた県の試験栽培でもまた，カリウム施肥を徹底することによってコメへのセシウム移行は十分に抑制できることが実証された．

1.3.4 経過観察の必要性

このように，カリウム施肥によってコメの放射性セシウム蓄積を抑制できることは確認できたが，すべての問題が解決したわけではない．たしかに，小国

2) 排水が悪く年間を通じて水が抜けない水田．嫌気的条件のためにイネの根の吸収機能が低下し，その結果カリウム欠乏が生じやすかったが，農地の改良により今日ではほとんどみられなくなった．

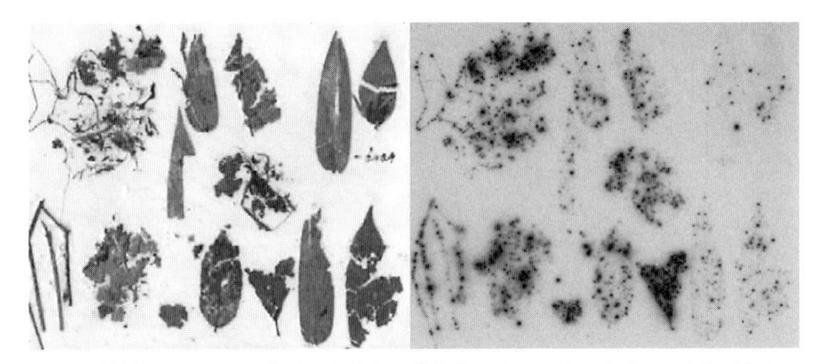

図1.7　放射性セシウムが降下した林床の落ち葉のイメージングプレート像（出典：東京大学大学院農学生命科学研究科“「農業環境」と「食の安全」を対象とした放射線の実践教育プログラム”講義用資料集）

の試験栽培で玄米のセシウム濃度が 100 Bq/kg を上回った水田の多くは土壌中のカリウムが少ない水田であったが，前述のようにいずれも支流域に位置する水田であり，何か地理的な要因がセシウム吸収に関与している可能性がありそうである．事実，それらの水田と数百メートルしか離れていない小国川本流の岸は，カリウムが少ない水田でもコメのセシウム濃度が 50 Bq/kg を超えるところは皆無である．その要因の1つとして私たちが目をつけたのは，農業用水から水田へのセシウムの流入であった．こうした支流域ではため池が利用されることが多いが，こうしたため池のなかには，驚いたことに1L あたり4 Bq 近い放射性セシウムが検出されたため池も複数あった．それらは，いずれも山林に囲まれたため池であったが，イネのセシウム吸収に本当に用水からのセシウム吸収が関与しているのかどうかを確かめるためには，さらなる調査が必要である．

農業用水を気にしたのは，環境からのセシウムの溶出の懸念があったためである．前述の水耕実験を行うにあたり，私たちは放射性セシウムが降下した麦の枯れ葉からの溶出を行った．こうした有機物には放射性セシウムがスポット状に付着しているが，溶出実験の結果，このスポット状降下物は熱湯と硝酸で洗い落としても全体の数パーセントしか溶出できないくらい溶けにくいものであることがわかった．こうした難溶性の降下物は水田中の有機物や山林の落ち葉にも多量に存在するため，それらが長期にわたって環境中へ溶出していくことが心配であった[3]（図 1.7）．

このような問題提起を含め，試験終了直後に伊達市の公民館で報告会を開催し，市民の皆さんに調査結果の概要をお伝えした．会場では，試験栽培を支えていただいた「取り戻す会」からも試験栽培を継続してもらいたいとの要望が出されたが，このことが，現在も続いている小国の長期モニタリングのきっかけとなった．

1.3.5　ほど遠い稲作再開

こうして事故翌年（2012 年）の試験栽培は一段落した．小国でも，またそれ以外の作付け規制地域であっても，カリウムを増肥しさえすればイネのセシウム吸収を抑制できることがわかり，翌 2013 年には作付けが再開できることになった．この年はコメの全量全袋調査（コラム 2）が導入された年でもあったが，作付け規制の対象とならずにすんだ地域で収穫されたコメも，全量全袋検査を受けた総計約 1,000 万袋のうち，100 Bq/kg を超えた玄米は 71 袋に止まった．この成果もまた，セシウム吸収抑制対策としてのカリウム増肥を徹底したためと考えられている．

しかし皆の期待に反して，新しい春を迎えても，稲作を再開しようという農家は小国でも，また福島全体でも当初予想していたほど伸びなかった．実際，2013 年春に小国で作付けを再開した水田は，全体の 2 割程度に過ぎなかった．カリウム増肥によってセシウム吸収を抑制できることはわかっても，風評被害による売れ行き低下を心配した農家が多かったことも一因であるが，それ以上に影響の大きかったのが賠償金制度だった，という指摘は多い．2013 年の作付けに向けて県の示した方針は「稲作を自粛すれば賠償金を継続するが，作付けを再開すれば賠償金は打ち切る」という内容だったが，こうしたやり方が稲作農家を「賠償金が支払われる間は作付けを行わない」という行動に駆り立てたことは想像に難くない．とりわけ，稲作の主な目的が自家消費にある農家にしてみると，ふだんは複合肥料ですませているカリウムをわざわざ多量に単独

3）最近の知見によれば，このようなスポット状の降下物は福島第一原発の水素爆発の際に，構造物の硝子が熱で溶融するとともに核分裂生成物と混ざり合い，細かな粒子となって飛散・降下したものらしい（小暮 2016）．

コラム2　原発事故に伴うコメの「作付制限」と「全量全袋検査」

原発事故のため，震災前の福島県の水稲作付面積の最大11%にあたる水田が作付けの規制を受けた．その詳細は大変に複雑であるが，大筋をまとめてみると以下のようになる．

事故当年（2011年）の4月に，土壌のセシウム濃度が5,000 Bq/kg以上である水田が「作付制限」の対象となることが決まった．このため，同一地区の水田が「作付けできる水田」と「作付けできない水田」とに分かれることになるかと当初は思われたのだが，実際に5,000 Bq/kg以上である水田が確認された地域（飯舘村など）はいずれも，地区全体が避難区域や屋内退避区域に指定されたことから，結果的に水田単位での作付制限が実施されることはなかった．事故翌年の2012年には避難区域などに加えて，2011年に500 Bq/kgを超える玄米が収穫された地域（福島市大波地区や伊達市小国地区など）が，地区として作付制限を受けることになった．2013年には，大波や小国も吸収抑制対策を実施することを条件に出荷用の作付けが認められたほか，前年の福島市や伊達市のように飯舘村や楢葉町などでも作付再開に向けた試験栽培が実施された．2017年現在，南相馬市，富岡町，大熊町，双葉町，浪江町，葛尾村および飯舘村（それぞれ一部）にわたる「帰還困難区域」ではいまなお作付け・営農が不可となっているが，その周辺の「避難指示解除準備区域」や「居住制限区域」（大熊町・双葉町の一部）では，2012年の小国などと同様に，作付け再開に向けた試験栽培などが進行中である．

原発被害に関するコメの検査体制については，以下のとおりである．原発事故の直後（2011年3月），放射性物質に汚染された農産物の流通を防ぐために，出荷制限の対象となる規制値が暫定的に設定された．この「暫定規制値」は，農産物1 kgあたり500 Bqの放射性物質が含まれる濃度として設定された．事故当年秋の福島県産米は，この基準で出荷制限が課せられることになった（ただし，暫定規制値に達していないコメでも，1 kgあたり100 Bq以上のコメは実際には出荷が見合わされている）．しかし，肝心の検査体制そのものは，旧市町村ごとに原則2点の割合での抽出調査であったことから，知事の「安全宣言」の後で多数の暫定規制値超えが見つかるという事態を招いた．そのため，事故翌年（2012年）の秋より，出荷用のすべての福島県産米は「全量全袋検査」を受けることが義務づけられた．また，農産物1 kgあたり500 Bqという暫定的な基準に代わって，1 kgあたり100 Bqという値が食品全般の出荷に対する「基準値」として用いられることになった．

図1　コメの全量全袋検査（写真提供：石井秀樹氏）

コメの全量全袋検査では，30 kg 袋に詰められた玄米をベルトコンベア式の検査器（図1）にかける．事故翌年（2012 年）には約 1,000 万袋が，翌々年（2013 年）には約 1,100 万袋の玄米が検査にかけられたが，規制 100 Bq を超えた袋は事故翌年には 71 袋，翌々年には 28 袋であった．以降（2014 年-）は，少なくとも出荷用で基準値を超えるコメは見つかっていないが，これは水田に 2017 年現在も毎年，カリウム肥料を多量に投与している効果が大きいと考えられる．現在，全量全袋検査とカリウム肥料投与のそれぞれを，いつ，どのように打ち切るかが大きな問題となっている．

散布したうえで，おっかなびっくりコメを作るよりは，賠償金でコメを買って食べるほうがまだましだ，と感じるのも当然であろう．それにしても，もう少し農家に対して作付け再開へのインセンティブとなるような賠償金制度ができなかったものか．

水田は，1 年使わないだけでも予想以上に荒れてしまう．小国のある地区では，事故翌年の作付け規制の間に農地がネズミの穴だらけとなってしまい，2013 年の春に 1 年ぶりで水を引き入れたところ，隣の水田の底から水が吹き出した，とのことだった．2014 年の米価下落の影響もあり，福島の水田の荒廃がいっそう進む結果となったのは，非常に残念なことだった．

1.4　イネのセシウム吸収は続く——2013年度から現在まで

1.4.1　小国の試験栽培——その後の経過

前述のように「取り戻す会」からの試験栽培継続の要望もあり，「取り戻す会」，市，大学が相談し，試験田の一部はその後数年間試験を継続してイネのセシウム吸収の経年変化を調査しようということになった．具体的には，セシウム吸収の高かった試験田から水系の異なる水田5枚を厳選し，カリウムによるセシウム吸収抑制を行わずに“あるがままの水田生態系”での試験栽培を継続することにした．調査は水田だけでなく，それらが水源としている河川やため池も対象としてきた．経費については，初年度の試験栽培が財源としたGAP推進費がもともと2012年度限りだったため，2013年度以降の試験には大学側の研究費を宛て，秋の収穫のうち測定に使わなかったぶんは伊達市に刈り取りと焼却処分をお願いしてきた．試験田は途中で5枚から3枚に減らしたが，基本的には現在もなお継続中である．事故当年に玄米のセシウム濃度が数百ベクレルを超えた水田は，小国に限らず，県北地域を中心にかなりの数にのぼるが，現在，それらのほとんどすべてに吸収抑制資材としてカリウムが散布されている．実際，数百ベクレルのコメが収穫された水田のうち，吸収抑制対策をいっさい行わず，水田を原発事故以前と変わらない状態に保ちながらモニタリングを継続してきた事例は，小国地区以外には皆無と聞いている．

試験栽培の継続調査は，渡辺長之助さん，佐藤吉雄さん，清野芳光さん，高橋洋一さんのご厚意で続けてきた．渡辺長之助さんは今年（2017年）で81歳になられる．小国で最初に居を構えたのは戦国武者であった長之助さんのご先祖だったそうだが，本家を継ぐ長之助さんも，穏やかなお人柄のなかに，一緒にいるとなぜか襟を正さずにはいられないような，不思議な威厳をお持ちである．長之助さんは，鉄砲撃ちの名手であると同時に，霊山で1，2を競う稲作の達人である．長年の研究の末に確立された綿密な水管理によって，はち切れんばかりに中身の詰まったコメをたわわに実らせる．この技術は，農業専門誌『現代農業』が2回にわたって特集記事を組んだほど見事なものだったが，その舞台となった美しい棚田が，今回の原発事故で，セシウム被害の憂き目に遭ってしまったのである．現在，長之助さんがお住まいの地区で作付けを行っている水田は，お願いしている試験田だけとなってしまった．そのため水路の管理を，試験栽培のためだけに，しかも長之助さんお1人にお願いせざるを得ないなど，毎年大変なご苦労をおかけしてしまっている．

佐藤吉雄さん（75歳）は建築会社のエンジニアだった方で，農業は大半が自給用である．ご専門が河川改修や道路建設であり，技術者の目で，土壌の局所的な違いによってイネがセシウムを吸収したりしなかったりすることを早くから見抜いておられた．同時に，試験栽培のデータを公開して農業復興に資することについてつねに建設的な助言をくださることから，いまも試験栽培の進め方について相談に乗っていただくことが多い．

清野芳光さん（67歳）も兼業農家であるが，自給用だけでなく販売用のコメにも熱心に取り組んでこられた．清野さんの水田は山林に降った雨水を引き入れており，この用水の調査を主目的としてご協力をいただいたのだが，実際，清野さんに毎回とっていただいた用水はきわめて貴重な試料となった．清野さんの水田は，継続調査を行った5水田のなかではイネのセシウム吸収が一番軽かったこともあり，2015年よりセシウムの吸収抑制対策（カリウムの増肥）を導入して商業作付けに復帰した

兼業農家が多い小国のなかで，高橋洋一さん（61歳）は震災の数年前に，専業農家として家業を継ぐべく勤めを辞められた．キュウリのハウス栽培と稲作を中心に営農されていたが，原発事故直後に特定避難勧奨地点の指定を受け，最終的に離農という苦渋の選択をされた．原発事故が起こらなかったら間違いなく小国を代表する農家のお1人であったはずの方である．営農を断念されたにもかかわらず，毎年，試験田の管理を快くお引き受けくださり，本当に申し訳ない思いである．

1.4.2　減らないコメのセシウム

かくして，5年以上にわたって，試験栽培を継続してきた（根本 2014）．イネのセシウム吸収は年々低下していく，というのが当初の私たちの予想だったが，意外なことに，コメのセシウム濃度は2012年以降あまり変化がみられない．事実，小国の試験田では玄米中の放射性セシウム濃度がいまだに100–200

Bq というレベルなのである．

イネのセシウム吸収がいまなお続いているということは，それに見合うだけのセシウムが，いまだに土に固定されることなく水田環境中に存在することを意味する．前述のように事故翌年の試験栽培では農業用水がイネの放射性セシウム給源として働いた可能性が考えられたため，5年間のモニタリングのデータから，年間を通じて水田に流れ込むセシウムの量を計算してみた．たしかに2012年には，植物体の吸収したセシウム総量（1 m^2 あたり約600 Bq）を上回る，1 m^2 あたり約800 Bq という量のセシウムが用水から流入した水田もあったことが推定された．しかし，事故翌年の2012年には1Lあたり3-4 Bqのセシウムを含んでいたため池でも，翌2013年からはセシウム濃度が大幅に低下しており，現在，小国地区で1Lあたり1 Bqを超える放射性セシウムが農業用水から検出されることはまったくない．そのため，2013年以降は，いずれの水田でも用水からの放射性セシウムの流入は1 m^2 あたり100 Bq前後と，イネ植物体に吸収される量に比べて格段に低くなっている．少なくとも伊達市では，ため池の底に堆積した泥土が何かの理由で巻き上げられるようなことがない限り，現在，農業用水がイネのセシウム給原となる心配はないと考えられる．

水が原因でないとすれば，次の可能性は土である．繰り返しになるが，原発事故後に土壌に降下した放射性セシウムは時間経過とともに粘土鉱物に固定されていき，その結果，根によって吸収され得るセシウム，すなわち「交換性セシウム」の量は時間とともに減少していく．これは，チェルノブイリでは普遍的にみられたことだが，福島でも同じことが起こっているのだろうか．このことを確かめるため，試験田の土の中で，降下したセシウムの土壌への固定がどのように進んできたかを調べてみた．事故翌年の2012年には，降下したセシウムのうち土に固定されたセシウムは全体の約80%で，残りの約20%が根によって吸収され得るセシウム，すなわち交換性セシウムであった．そこで，現在（2016年）の状態を調べてみたところ，驚いたことに，この4年間にセシウムの土壌への固定はさほど進行しておらず，いまなおセシウムの15%前後が植物の吸収可能な交換性セシウムだった．

もちろん，福島のすべての水田がこのような状況であるわけではない．先に述べたように，60枚におよぶ小国の試験田のうちの4分の3の水田が，事故翌年には何らの吸収抑制対策を施さなくてもセシウム吸収が 100 Bq/kg を割ったように，水田であっても基本的には時間とともに植物がセシウムを吸収しにくくなると考えられる．実際，小国でも，交換性セシウムの割合が 5% 近くまで下がっている水田が少なくない．問題は，「土壌へのセシウムの固定が進みにくい特殊な水田が一部存在する」ということである．たしかに，各市町村が農家にカリウム増肥を徹底させたお陰で，2014 年より福島県産米の全量全袋検査においては基準値（100 Bq/kg）を超える米は見つかっていない．しかし，「土壌へのセシウムの固定が進みにくい水田」，言い換えれば，いつまでもセシウムが土壌中を自由に動き回れるような水田では，いったんカリウム散布の手を緩めれば，再びコメの規制値超えが起こり得る，ということを試験栽培の結果は示しているのである．

事態の深刻さを憂慮した伊達市の仁志田市長は，2015 年 2 月 9 日に福島県庁と農水省を対象に試験栽培報告会を開催し，公的な吸収抑制対策を継続する必要性を訴えた．このことが功を奏したのかどうかは私にはわからないが，カリウムの散布費用の拠出を止めるといっていた東京電力が，この報告会の直後，引き続きカリウムの散布費用を支払うことを決定したと聞いている．

市長の心配は，予想以上に早く現実のものとなった．伊達市が報告会を開催してからちょうど半年後のことだったが，2014 年に収穫された福島市産のコメの中に玄米で 200 Bq/kg を超えるコメのあったことが，こともあろうに 2015 年の夏になってようやく発見された，というニュースが流れたのである．この，200 Bq 超えのコメが収穫された水田も，やはり吸収抑制対策としてのカリウム増肥をしていなかったという．商業栽培したコメではなかったため流通には回らずにすんだが，行政の目が行き届かない自家消費用の水田が盲点であるということが，あらためて浮き彫りとなった．マスコミによる最近の報道は，あたかも原発事故の農業被害は風評被害だけの問題であるかのような論調が大半を占めている．しかし一部の地域では，作物のセシウム吸収をカリウム増肥によってなんとか抑えている状況がいまだに続いていることを，忘れてはならない．

1.4.3　イネのセシウム吸収と地質

今回の稲作被害の大きな特徴は，再三繰り返してきたように被害の大半が阿武隈北部において，しかもきわめて局所的に起こったということである．このような局所性は，いったい何に起因するのだろうか．この問題についてはいまなお多くの研究が進行中であるが，今回の被害に大きな影響を与えたと私たちが最近考えている，1つの地質的要因がある．それは「霊山層」と呼ばれる火山堆積物の存在である．阿武隈山地は中生代にできた花崗岩の塊なのだが，新生代に入ると，阿武隈山地の北部でふたたび活発な火山活動が起こり（コラム3参照），その結果，中生代の花崗岩の上に火山噴出物が広く堆積した．この堆積を「霊山層」という（八島ら 1990）．霊山層の分布はイネのセシウム被害の分布とよく一致し，実際に，霊山層の風化でできた土壌でイネを育てると，花崗岩由来の土壌よりもはるかに効率的にセシウムを吸収する．霊山層由来の土壌はセシウムの固定能力の低いことが理由の1つと考えられるが，それだけが理由ではなさそうである．

イネは，カリウムの吸収能力の高い植物である．土壌中の「交換性カリウム」を吸収するだけでなく，まだ風化されていない鉱物の中に存在するカリウムまでも溶かし出して利用する．だからこそ，イネは滅多なことではカリウム欠乏症を起こさないのである．とはいえ，どの土も同じように，イネに対してカリウムを天然供給できるわけではない．花崗岩由来の土壌は，こうした「鉱物から植物へのカリウムの天然供給量」が高いが，霊山層由来の土壌は「鉱物から植物へのカリウムの天然供給量」がかなり低い．別な言い方をすると，花崗岩由来の土壌は「カリウム肥料を施さなくても，イネがカリウム欠乏を起こしにくい土壌」であるのに対して，霊山層由来の土壌は，「カリウム肥料を施さないと，イネがカリウム欠乏を起こしてしまう土壌」だということである．実際，鉱物の中に存在するカリウムを利用する能力の低いソバのような作物は，花崗岩と霊山層の区別なくセシウムを吸収することがわかっている（根本ら，未発表）．

ところで，阿武隈山地のように古い山地では，数十メートル離れるだけで土壌の種類が変わってしまうことがよくある．小国でも，「霊山層」の分布は限

コラム３　阿武隈山地の成り立ち

福島原発事故によるイネのセシウム吸収被害は小国地区を含む阿武隈山地の一部に集中した．このことを考えるうえで，阿武隈山地の成り立ちは重要な意味をもつと考えられる．

阿武隈山地は中生代の火山活動で生じた古い山地である．当時は北上山地のような高い山々から成っていたが，年月を経るうちに浸食されて準平原となり，地下深くでマグマが冷えてできた花崗岩が露出することとなった．

阿武隈山地の北部では，続く第三期の中頃にも活発な火山活動が生じた．その結果，阿武隈山地の北部には火山噴出物が花崗岩の上に堆積した．この層は「霊山層」と呼ばれている．霊山層は基本的には玄武岩質であり，その下にある花崗岩とは化学的性質が大きく異なる．この違いは，地質の違いだけでなく，そこから生じた土壌，とくに粘土鉱物の性質の違いをも生み出している．なお，霊山層も長い年月にわたって浸食を受けており，場所によってはふたたび花崗岩が露出するに至っている．

福島盆地や郡山盆地のような平坦地は，もともと大きな湖であったところが，阿武隈川が氾濫を繰り返しつつ山地から流れ出た砂礫や粘土を堆積させてできたものであり，どこをとってみても花崗岩由来の粘土鉱物が多量に含まれている．

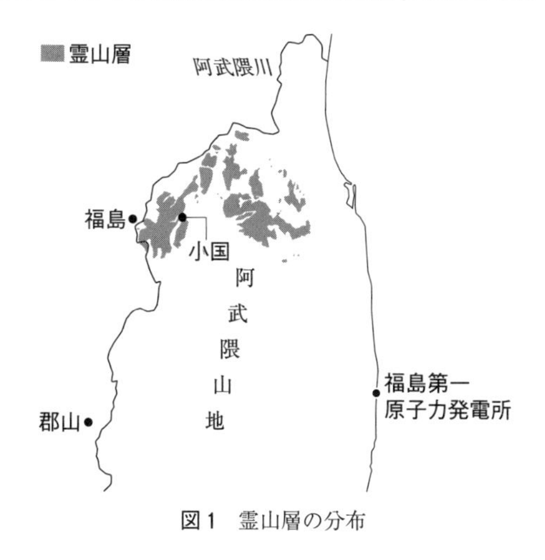

図１　霊山層の分布

られている．火山活動によって霊山層ができたときには，小国全域が霊山層に覆われたと考えられるが，小国川沿いの地区は霊山層が浸食を受けた結果，ふたたび中生代の花崗岩が剥き出しになっており，霊山層は支流域の山にしか残っていない．今回イネのセシウム吸収の高かった水田が支流域に局在していたのはそのためではないかと考えられる．このようなことは，福島盆地や郡山盆地のように，河川によってさまざまな場所から流されてきた土砂が混じり合って堆積し，その結果として土壌が均質に広がっている場所では，とうてい起こり得ないことだろう．

1.5　里山が受けた被害

以上，小国の試験栽培を中心に，私たちの目を通してみた福島稲作の放射線被害の一端をお伝えしてきた．それでは，福島の稲作復興にむけて，これから私たちは何をしたらよいのだろうか．小国の知見から類推すると，潜在的にイネがセシウムを吸収し得る水田はきわめて局所的であると考えられる．現在，全量全袋調査のデータが数年分蓄積されているので，それらを利用して水田を絞り込み，ピンポイントでカリウム増肥や客土を行っていくことも一案だろう．しかし繰り返しになるが，イネのセシウム吸収を抑制できさえすれば，それで問題は解決するのだろうか．

古くから里山としての利用が行われてきた阿武隈山地は，かつては養蚕やたばこ栽培などと稲作を組み合わせた多角的な農業が営まれていたが，昭和の終わり頃から急速にイネの単作化が進行した．これは，農村の高齢化に伴って，商業目的の農業が衰退し自家消費のための稲作にシフトしたためであるという（高野 2006）．小国地区も例外ではなく，本格的に販売用の稲作を行っている農家はごく一部に過ぎない．しかし，だからといって阿武隈にとって稲作は重要でない，ということではない．自給的な稲作があるからこそ，高齢化した中山間地でも生活が営まれてきたのである．

試験栽培で毎年お世話になっている渡辺長之助さんから，「ここではコメさえ作っていれば，あとは春の山菜と秋のキノコで，満足のいく暮らしができるのですよ」とうかがったことがある．キノコといえば，阿武隈では香りの強い

図 1.8　2015 年 9 月の大雨によって壊れた飯舘村の道路（写真提供：飯舘村・菅野宗夫氏）

イノハナ（コウタケ）がとくに珍重される．実際，干したイノハナを炊き込んだご飯は，ここでは松茸ご飯よりも人気が高い．山中の「秘密の場所」でイノハナをたくさん収穫し，もう自分ではイノハナ狩りに山に入ることのできなくなったお年寄りに配るのが秋の楽しみ，という話をこの辺りではよく聞く．私自身，小国に通ってはじめて知ったのだが，定年後にこのような暮らしを送れることを楽しみに勤めに出ている方は，けっして少なくない．

このような暮らしは原発事故によって一変した．イノハナは場所によってはいまだに 1 乾物 kg あたり 1 万 Bq を超えるセシウム濃度である．このところタラの芽よりも山菜としての人気が高いコシアブラなどは，1 乾物 kg あたり 10 万 Bq を超えることもある．セシウムによって，自給的な稲作に基づく豊かな暮らしが大きく損なわれてしまったのである．しかしながら，数百年の長きにわたり大水や土砂崩れを食い止めて地域の環境を守ってきたのは，ほかならぬ山間の自給的稲作である．2015 年秋の長雨の際，作付けが再開していない飯舘村が各所で大水に見舞われ，空き地に集められたフレコンバッグの汚染表土が多数流された，という報道を思い出していただきたい（図 1.8）．あのとき

図 1.9　伊達市による里山除染試験（上小国・天井山市有林）
2015 年より，林床の表土剝ぎやカリウム散布による山菜のセシウム吸収の逓減効果を追跡調査している．森林管理組合の皆さんと，二瓶直登准教授．

は，伊達市でも至る所で林道や橋が崩れ，大変なことになった．郵便局の集配車が川に落ちかけたところもあったと聞いた．中山間地での離農が進めば，こうした災害はさらに頻発していくだろう．

福島の稲作復興は，たんにイネのセシウム吸収を抑制でき，あるいは風評被害を払拭して「ふたたびコメが売れるようになる」，ということだけではない．里山の稲作復興とは，まずもって稲作を基盤とする「自給的な暮らし」を取り戻すことであろうし，そのためには，山菜やキノコを含めた里山の生態系全体のセシウム汚染をなんとかすることが必要であろう（図 1.9）．自給的農業の受けたこのような被害は，経済的損失として評価されにくいためか，マスコミに取り上げられる機会もほとんどない．しかし洋の東西を問わず，もともと農業とは家族の生活に必要な食糧を自ら生産する営みであり，販売は自家消費の余りが出たときに限られるのが原則であった．この一世紀の間に世界の農業の商業化が急速に進んだことは事実だが，その間もアジアの稲作が自給的な性格を強く維持してきたことは，稲作農業の本質に関わる重要な一面を示している．稲作本来の「自給的な暮らし」を無視し，農産物の流通面でのみ被害を評価するのは，どうも納得がいかない．

「原発事故は，離農の良い機会を与えてくれましたよ．でも，“今年はどれだけ実が詰まるだろうか”と期待しながら田んぼの稲穂を観察する，あの楽しみはなくなってしまいましたね．」

稲作の達人として地域の尊敬を集めてきた長之助さんが過去を懐かしむようにいわれたこの言葉の意味を，私たちは深く噛みしめる必要がある．

参考文献

小暮敏博．2016．福島の放射性微粒子の正体は何か．http://www.a.u-tokyo.ac.jp/rpjt/event/20160306slide2.pdf（2017年8月8日閲覧）．

根本圭介．2011．放射性セシウムのイネへの移行．http://www.a.u-tokyo.ac.jp/rpjt/event/20111119-3-slide.pdf（2017年8月8日閲覧）．

根本圭介．2012a．放射性セシウムのイネへの移行（第2報）．http://www.a.u-tokyo.ac.jp/rpjt/event/20120218-3-slide.pdf（2017年8月8日閲覧）．

根本圭介．2012b．放射性セシウムのイネへの移行（第3報）．http://www.a.u-tokyo.ac.jp/rpjt/event/2012120805-slide.pdf（2017年8月8日閲覧）．

根本圭介．2014．放射性セシウムのイネへの移行（第4報）．http://www.a.u-tokyo.ac.jp/rpjt/event/20141109slide5.pdf（2017年8月8日閲覧）．

農研機構．2013．玄米の放射性セシウム低減のためのカリ施用．http://www.naro.affrc.go.jp/publicity_report/press/laboratory/narc/027913.html（2017年8月8日閲覧）．

農林水産省・福島県．2014．放射性セシウム濃度の高い米が発生する要因とその対策について――要因解析調査と試験栽培等の結果の取りまとめ（概要　第2版）．http://www.maff.go.jp/j/kanbo/joho/saigai/pdf/kome.pdf（2017年8月8日閲覧）．

塩沢昌，田野井慶太朗，根本圭介，吉田修一郎，西田和弘，橋本健，桜井健太，中西友子，二瓶直登，小野勇治．2011．福島県の水田土壌における放射性セシウムの深度別濃度と移流速度．RADIOISOTOPES 60: 323-328.

高野岳彦．2006．養蚕・工芸作物の衰退と阿武隈中山間地域農業の地域性変容．季刊地理学 58: 140-145.

田野井慶太朗．2011．農学生命科学研究科で取り組んでいるその他の成果．http://www.a.u-tokyo.ac.jp/rpjt/event/20111119-9-slide.pdf（2017年8月8日閲覧）．

八島隆一，中馬教允，周藤賢治．1990．霊山地域の地質．（報告書）．

第2章　果樹
――中通り県北地域の果樹への影響と販売対策

高田大輔，小松知未

2.1　果樹王国福島と原発事故

2.1.1　果樹と放射性セシウム

一年生作物では放射性核種に関する試験として，1950年代からの大気圏内核実験によるフォールアウト（放射性降下物）の調査，チェルノブイリ原発事故後の調査，あるいは，試薬を利用した塗布などの実験環境下での試験など多数の報告が公開されている．永年生作物である果樹でも，土壌から果実への放射性核種の移行，すなわち移行係数が検討された資料が存在するものの，その調査例は他の品目と比べて少ない．しかも，IAEA（国際原子力機関）の発行するレポート集などでは，果樹はトマト，イチゴといった一年生の果菜類と合わせて果実類として論じられているため，混乱を生じさせかねない報告もある．一年生作物では播種時には種の状態であるため，フォールアウトによる汚染がなければ，植物体が吸収する放射性セシウムはそのほとんどが土壌からとなる（図2.1）．その一方で，果樹などの永年性作物では，樹体に放射性セシウムがフォールアウトしているため，それらの影響をみる必要がある．さらには，一年生作物と比べると，1作期が終了した後も樹体が残り続けるという点や，基本的に根が深い位置に存在する点などの違いがある．果樹は，永年生の樹木であるという点では森林樹木との共通点も多い．森林科学・林業に関係した放射

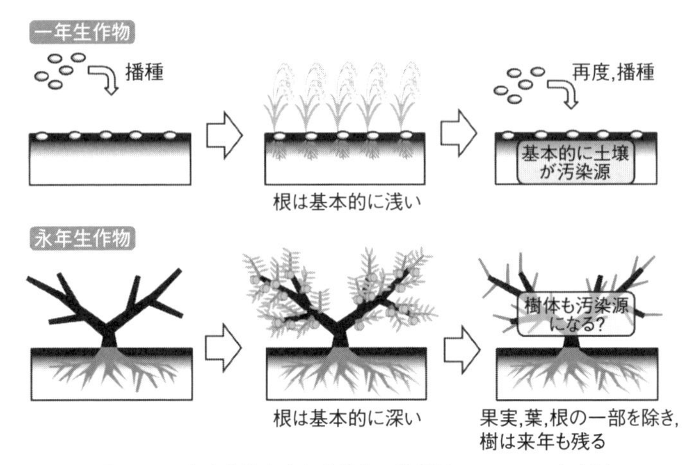

図 2.1　一年生作物と永年生作物の放射性セシウムの由来源

性セシウムの調査報告は果樹と比べれば多く，果樹での放射性セシウムの動態を明らかにするうえで参考となる．しかしながら，果樹園は森林と比べてより人の手が入る栽培環境下に置かれていることから，森林樹木とは異なる放射性セシウムの動態を示す場合も多いと予想される．たとえば，森林土壌の表層は落ち葉などの有機物を豊富に含むリター層が形成され，根の生育や養分吸収や循環に重要な役割を果たしている．一方，果樹園の土壌表層は草生栽培であり，樹体より発生する落ち葉も病害の防除を目的に除去が推奨される場合もある．また，果樹園の土壌表層では，果樹の根と表層草生との間に，根の伸長スペースや養分吸収などの競合が存在する．

このように，果樹園の放射性セシウムの動態は，福島第一原子力発電所事故（以下，福島原発事故）以前には未解明であった点が多い．一年生作物や森林樹木とも異なる点も多いことが予想されるため，果樹に対する放射性セシウムの影響評価は，やはり果樹園における調査をもって検討すべきであったが，参考になる資料が乏しかったというのが，放射性セシウムの果樹における動態解明や対策のスタート地点となっている．

2.1.2　福島県における果樹生産

原子力災害前の 2010 年における福島県の果樹生産を概観する．日本の果実

表 2.1　福島県における果樹栽培面積および栽培経営体数（2010 年）

		モモ	リンゴ	カキ	ニホンナシ	ウメ	ブドウ	オウトウ
栽培面積（ha）	全国	10,900	40,500	23,200	14,400	18,000	19,000	4,880
	福島県	1,780	1,430	1,400	1,150	531	293	92
	福島県割合	16%	4%	6%	8%	3%	2%	2%
販売目的栽培経営体数（経営体）	福島県	3,856	2,612	2,569	1,497	664	622	459
	浜通り地方	10	14	43	275	80	8	1
	中通り地方	3,673	2,213	2,030	1,157	450	468	420
	会津地方	173	385	495	65	134	145	38
	中通り割合	95%	85%	79%	77%	68%	75%	92%
	上位 3 市町村	○福島市 1,437	○福島市 1,311	○伊達市 1,185	○福島市 763	○伊達市 119	○福島市 178	○福島市 210
		○伊達市 1,048	○伊達市 254	○国見町 254	須賀川市 180	○福島市 106	○伊達市 120	○伊達市 79
		○国見町 453	須賀川市 193	会津美里町 215	いわき市 119	会津美里町 73	会津若松市 70	○国見町 59

農林水産省「作物統計」,「農林業センサス」（2010 年）より作成.
※中通り地方・県北に含まれる市町村名に○印を記載した.

の農業産出額は 7,497 億円となっており，その中で福島県は，産出額の都道府県別順位 9 位（292 億円，4%）の主要な果樹産地に位置している（農林水産省「生産農業所得統計」（2010 年））．表 2.1 により果樹栽培面積の全国シェアをみると，モモ 16%，ニホンナシ 8%，カキ 6% の 3 品目は，5% 以上の栽培面積シェアを占めることがわかる．なお，カキは干し柿生産量としてカウントすると，全国 7,811 トンのうち 39%（3,073 トン）が福島県で生産されており，全国 1 位のシェアを占めていることが特筆される（農林水産省「特産果樹生産動態等調査」（2010 年））．

福島県における果樹生産は中通り地方に集中しており，とくに中通り県北地域に樹種複合産地が形成されている．同表に販売目的で果樹を栽培している経営体数をまとめた．主要 7 品目中 6 品目（モモ，リンゴ，カキ，ニホンナシ，ブドウ，オウトウ）で，経営体数の 70% 以上が中通り地方に分布している．なかでも，複数品目の上位 3 位に中通り県北地域に位置する福島市・伊達市・国見町が入っており，このエリアに大きな樹種複合産地が形成されていることがわかる．中通り地方を除き，栽培経営体数が 200 以上存在する品目は，会津地方のカキ・リンゴ，浜通り地方のニホンナシとなっている．

ここで主要な果実の原子力災害による営農への制限についてまとめる．果実においては，主要品目であるモモ・リンゴ・ブドウ・オウトウでは，生産・出荷への制限は指示されていない．その他の品目を対象とした営農への制限を，①居住制限による営農停止，②基準値超過による出荷制限，③地域的な加工自粛の区分により整理する．

①居住制限による営農停止は浜通り地方の一部が該当しており，果樹栽培ではニホンナシを栽培する経営体（大熊町 38，浪江町 17 ほか）が 2017 年現在でも長期避難による営農停止を余儀なくされている．②基準値 100 Bq/kg 超過による出荷制限は，ウメ・ユズ・クリ・キウイフルーツの 4 品目で指示されている．これらの 4 品目は，時間の経過とともに制限エリアは縮小されているが，2017 年 6 月現在でも，福島県内の一部の市町村を対象とした出荷制限が続いている．③地域的な加工自粛は，カキの加工品である「あんぽ柿」で実施されている．伊達地域（伊達市・国見町・桑折町）では，渋柿の皮をむいて 1 カ月以上干した柿を「あんぽ柿」と呼び加工・販売してきた．半乾燥させた「あんぽ柿」では，実質の 1 個あたりの放射性セシウム含量は変わらないにもかかわらず，乾燥処理により放射性セシウム濃度が濃縮された形となってしまう．産地で組織されている協議会（あんぽ柿復興協議会）は，原料となる生柿の放射性セシウム含量を測定したうえで，乾燥後の「あんぽ柿」の一部が基準値を超えることが予測されるエリアを特定し，加工自粛措置をとっている．

2.1.3　本章の目的

上述のように，調査結果を公表し，対策を推進していくことは果樹王国である福島県において，根幹となる対応である．これに加えて，事故後 7 年目を迎えたいま，これまでに得られた成果を再検討することは，今後の福島の果樹産業の復興・発展を促すために，きわめて重要である．2.2 節では，福島原発事故を受けて果樹においてどのような調査が行われ，どのような結果が得られたかを中心に記述する．2.3 節では，原子力災害後の果樹に関する研究動向をふまえ，研究により得られた知見が福島県内において，どのように放射性物質対策に結びついていったのかを整理する．また，福島県産果実価格の動向，果樹生産者の復興に向けた取組みを紹介する．

2.2　事故後の国内の試験の動向

原発事故を受けて，年数が経った現在，国内で行われた試験結果が徐々に公表されつつある．本節では，とくに事故当初にフォーカスを当てて，国内でどのようなタイミングで果樹に関する調査が行われ，どのような成果が得られたか，あるいは対策提示に結び付く結果であったかについて紹介する．

2.2.1　事故直後の懸念と試験動向

福島原発事故直後より空間線量の調査が行われ，空間線量マップが作成された．放射性セシウムのフォールアウトは，県北地域に向かって延びており，2.1 節に前述したように，これらの果樹生産地域を脅かすように広がっている．この事態を受け，果樹園においても福島県農業総合センター果樹研究所（以下，福島県果樹研究所）などによって，果樹園内の空間線量率が調査されている．図 2.2 は，福島市のリンゴ園の空間線量率の日数の経過にともなう変化を示している．果樹園内においても，事故直後から 60 日後辺りまでの空間線量率の急激な低下が起きており，ヨウ素 131 の短い半減期が影響していることがうかがえる．ヨウ素 131 の消失後は放射性セシウムのうち半減期が 2 年程度のセシ

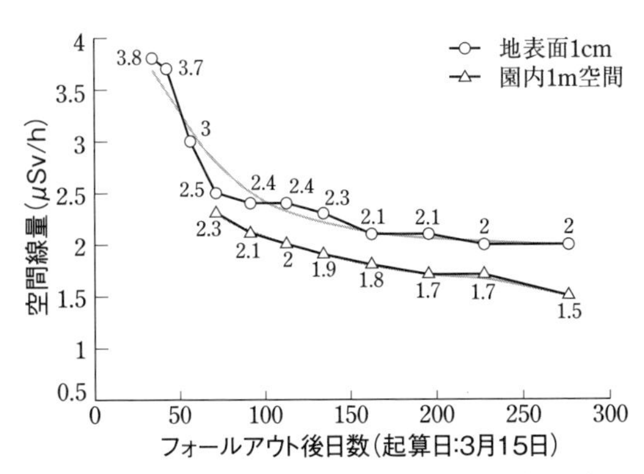

図 2.2　2011 年事故後の福島県内モモ園の空間線量の推移
（佐藤 2012）

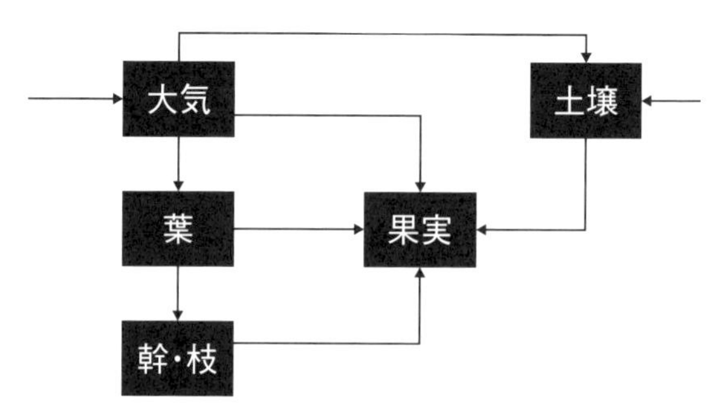

図 2.3　事故時に推定されていた放射性セシウムの果実への移行経路.（Brown and Sherwood 2012）を元に作図

ウム 134 の減衰を中心として，ゆるやかな低下がみられる.

空間線量率に加えて，放射性セシウムの降下量の調査も実施され，水田・畑地などと同様に，果樹園においても，放射性セシウムは土壌のごく浅い層に存在していることが明らかとなった．水田や畑地などでは，毎年，耕うん作業などにより土壌を攪拌することとなり，土壌中の放射性セシウムは土壌下層に移動しやすい．果樹園では，冬季に行われる発根促進のための部分深耕などを除けば，基本的には耕うん作業などの土壌を攪拌する作業がない．このため，フォールアウトを受けた果樹園では，放射性セシウムは土壌の表層に留まりやすいと考えられた.

福島原発事故後に，果樹における果実への放射性セシウムの移行にはいくつかの経路が推定されていた．図 2.3 は，本事故後に公表された果樹への移行を検討するための図を和訳したものである．これによると，大気中に放出された放射性セシウムの果実への移動には，果実に直接付着する経路，葉から果実へ転流する経路，葉から幹・枝に移動後，果実へ転流する経路，土壌から吸収されたセシウムの果実への移動といった経路が考えられている．この図の発表時期（2012 年）から考えて，この図そのものが対策に利用されたとは考えにくいが，事故当初においては，これと同様の経路と考えられ，対策が講じられたと推察される．これに加えて，多くの果樹で葉のない時期のフォールアウトであったため，福島原発事故では，大気・葉から果実への移行が少ないであろうと想像されていた．葉からの吸収が少ないとなると，土壌からの吸収は，前述の

「土壌が攪拌されにくい栽培条件」という懸念も相まって，きわめて警戒されることとなる．この時点で，土壌の削り取りなどによる除染の有用性が検討されはじめた．

土壌の調査が行われる一方で，樹体の汚染状況を明らかにする試験が行われている．春以降に播種を開始するイネやダイズといった作物と違い，果樹では樹体がすでに存在している．そこで，果樹の樹体表面の空間線量率を福島県果樹研究所が調査したところ，果樹では表面樹皮の汚染が進んでいることが明らかとなった．実際に，後に筆者らが行った樹皮の放射性セシウム濃度の調査結果からも（コラム1），モモ樹体の放射性セシウム濃度は材などと比べて樹皮できわめて高いことが明らかとなっている．チェルノブイリ事故と異なり，葉の存在しない時期にフォールアウトが起きた福島原発事故では，樹体への吸収は少ないと考えられていたが，このような樹皮での高濃度の汚染が樹体への吸収に直結するかは不明瞭であり，検討する必要があった．そこで，福島県果樹研究所主導で試験的に，樹皮の粗皮削り処理，さらにそれらを簡便とするための樹体に対する高圧洗浄処理が夏季に行われた．その結果，樹体に対する洗浄効果空間線量の低減に有効であることが明らかとなった．

しかしながら，この試験的除染のように夏季にこのような「乱暴な」作業を行うことにはデメリットも考えられ，実際には実行されていない．デメリットの最たるは，この年の収穫物をほぼ失うに等しいことである．この時点では，生産された果実にどの程度の放射性セシウムが存在するか，販売ロスや価格の低下がどの程度であるかといったことが不透明であり，それが収穫物を確実に失うというリスクに見合う対応が可能であるのかを判断できる状況になかったことがうかがえる．実際に，モモなど多くの樹種では，当時の暫定基準値の500 Bq/kg を超える果実はほとんどなく，生産継続したこと自体は，1年間の栽培放棄が翌年の栽培に多大な影響を及ぼす果樹栽培において，けっしてマイナスではなかった．栽培継続の結果，生産量は前年度と同水準となったが，モモでは価格の低下は著しく，収入としてはかなり減少するという結果となった．なお，乾燥状態で出荷されるあんぽ柿に対する懸念もこの時点では薄かった．あんぽ柿では，乾燥後の状態に暫定基準値が適用される．あんぽ柿生産はJA伊達みらい管内に集中しているが，同地域のモモ園では果実の放射性セシウム

コラム1　濃度と量の問題──カキ果実の乾燥，モモ樹体の放射性セシウム

放射性セシウムについて取り上げられる際，その単位として，Bq/kgFW（FW は Fresh Weight）という単語をよく聞く．これは濃度を示す単位であり，たとえば，生果実 100 g 中に○○ Bq の放射性セシウムが存在するということを示している．また，これは生果実の重量を基準に示したもので，乾燥させると Bq/kgDW（Dry Weight）となる．あんぽ柿では完全乾燥ではないが，乾燥処理を行うため，20 Bq/kgFW の果実であったものが，100 Bq/kgDW となる可能性がある．この値は食品規制値を超える可能性があり，他の樹種で検査値が問題とならなくなった後でも，騒がれた原因である．

ここに渋柿1個 300 g，20 Bq/kgFW の果実があるとする．これをアルコールなどで脱渋した果実は，濃度としては，ほぼ 20 Bq/kgFW であるため流通に流れても問題ない．しかし，乾燥させる作業を行い，干し柿やあんぽ柿にした場合，100 Bq/kgDW になる可能性があるため問題であるとのルールである．この例では，生柿でも干し柿でも，1個あたり 60 Bq 当量（0.3 kg×20 Bq/kgFW）の放射性セシウムが存在している．どちらも皮を除いて食べることも共通と考えれば，1個あたりの放射性セシウム含量としてはほぼ同じである．

次に，モモの樹体の放射性セシウムがどこにあるかという問題を濃度と量の面か

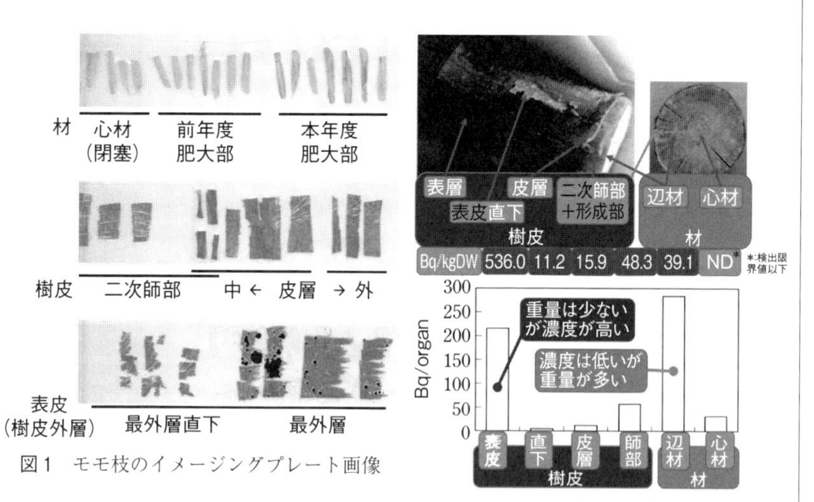

図1　モモ枝のイメージングプレート画像

図2　モモ枝の部位ごとの放射性セシウム濃度と含量

ら考えていきたい．本文中でも述べたように，果樹樹体の放射性セシウムは樹皮の最外層で多い．図1・図2はモモの枝を細かくむき，イメージングプレート法による可視化あるいはゲルマニウム半導体検出器により数値化したものである．たしかに，最外層にのみ黒い斑点が存在するように，局在は一目瞭然である．これを数値化したものが，図2の上部の数値であり，これをみても樹皮の最外層である表皮で高い．では，量としてはどうか？　量として検討するためには，部位ごとの濃度にその部位の重量を乗する必要がある．すると，図2の下側のような棒グラフとなる．濃度としてみれば，辺材部分には放射性セシウムがほとんどないようにみえていたものが，辺材でも高くなる．辺材は重量としてかなりの割合を占めているため，濃度が高くとも重量がわずかな表皮よりも，辺材に多く存在していることとなる．このように，濃度と量でみた場合は，数値としてイメージできるものが異なることがある．

どちらか一方が正しいわけではなく，含量と濃度の両面から，果樹という巨大な樹体を解析し，果実の放射性セシウム濃度の移行を検討する必要がある．

が100 Bq/kgDW（コラム1参照）を超える例も存在した．仮に，モモと同等の放射性セシウムが原料である生柿に含まれていたとすると，500 Bqを超える計算となる．モモの収穫は福島県では6月より開始するが，カキの収穫は10月以降となる．モモ収穫果実の調査結果を基に，収穫開始の遅いカキに関して思案を巡らし，地域によっては，当年の出荷をあきらめ，個別の樹皮除染などの対策を強く勧めることも可能であったかもしれないが，実際の効果や樹体の衰弱をまねく可能性などのリスクを考えると，その決断を下すことはきわめて難しかったと考えられる．たとえば，樹体に対するリスクとして，夏季の葉の傷みを生じることによる樹体の衰弱や，病害の蔓延をまねくといったことも懸念された．また，生産を継続しなければ，補助や賠償が出ない可能性もあったことが，対処を遅らせた原因であると考えられる．

2.2.2　土壌からの放射性セシウムの吸収とカリウム施肥

事故年の前半期に実際の果実のモニタリングデータや，早期の試験結果が収集され，これらの結果を反映して，2012年度の栽培計画や除染処理が検討されることとなった．代表的なものとしては，果樹においては，樹皮や表土の除

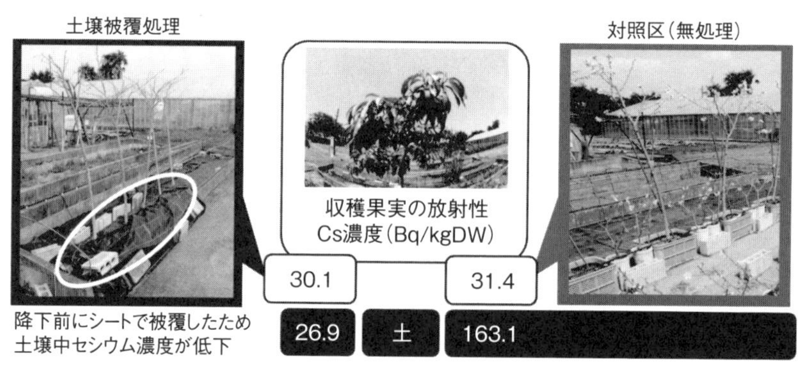

図 2.4　土壌中放射性セシウム濃度（下）と収穫果実の放射性セシウム濃度（上）((高田ら 2012) より作成)
土壌被覆処理により，土壌中の放射性セシウム濃度は大きく低下したが，果実濃度は変化がない.

染，カリウム施用などが検討されるとともに，モニタリング調査の継続が実施されている.

果樹に対しても土壌へのカリウム施肥が励行されている．これが行われた背景には，水田などで検証されたカリウム施肥によるセシウム吸収抑制効果との混同が読み取れる．同族元素であるカリウムの施用により，植物の放射性セシウムの吸収が抑制されるというものであるが，この段階では，水田で発揮された効果と同等の効果が果樹にも期待できると考える生産者もきわめて多かった．筆者らをはじめ，「果樹では果実中の放射性セシウムは，はたして土壌から移行してきたものか？」という事故年における成果公表も出始めているが（図 2.4)，まだまだ普及していない.

そもそも，土壌からの放射性セシウム移行に対するカリウムの効果に疑念を抱く理由は，きわめて単純である．まず，“根の深さ”である．果樹の根は，台木や栽培環境により大きく異なるものの，一般的にいえば，カキ，ニホンナシなどの深根性の樹種やブルーベリー，イチジクなどの浅根性の樹種に分けられる．福島県下の果樹は，基本的には根域の浅くない樹種が多い．土壌の放射性セシウム分布は 0–5 cm にきわめて局在しているが，この浅い深度に存在する根量割合は低い．これらの点から，主根域ではない土壌の浅い位置の根が放射性セシウムをどの程度吸収するのか，という疑問が浮かぶ．そのような吸収しにくい条件下で，さらにカリウムが効果を発揮できるのかについては疑わし

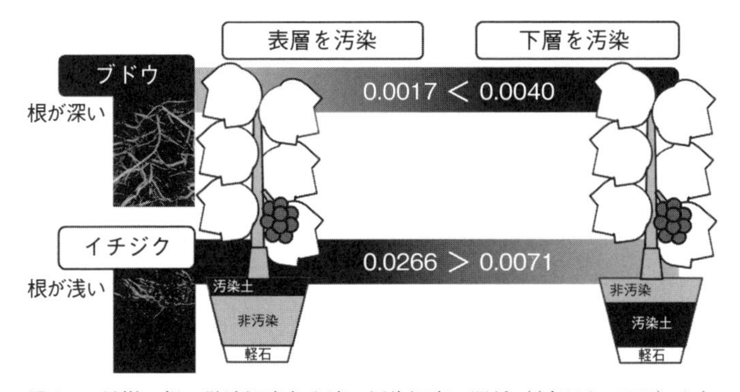

図 2.5 果樹の根の発達深度と土壌の汚染深度の関係（(高田ら 2013) より作成）
図中の数値は果実の放射性セシウムの移行係数を示す．根の深いブドウでは，土壌下層に放射性セシウムが多い土壌で果実への移行量が多く，浅根性のイチジクではその逆となる．

い．

これを受けて，根の深さの程度別の放射性セシウムの吸収のしやすさについて検証試験を行った（図 2.5）．根の浅いイチジクでは，土壌の浅い位置に存在する放射性セシウムを樹体が吸収しやすい一方，根の深いブドウでは土壌の浅い位置に存在する放射性セシウムを樹体は吸収しにくいことが明らかとなった．この結果や図 2.4 の結果から，果実中の放射性セシウムは土壌から根を介して移行する量は樹体そのものから移行する量と比べてわずかであることが明らかとなった．永年性作物である果樹では，土壌からの移行よりも，樹体からの移行が大きく関与していることが明らかとなりつつある時期であった．

一般に，果樹園の土壌管理に際して，カリウム欠乏園地より，過剰園地が問題に挙がることが多い．そもそもカリウムの要求量がイネなどと比べて多い果樹では，推奨される土壌カリウム濃度が高い．また，イネにおけるカリウム施用試験も，カリウムを多用すればするほど直線的に放射性セシウム吸収量が減少するわけではなく，いわゆるカリウム欠乏域を脱した辺りからは効果は緩慢となる．したがって，通常の土壌肥培管理を行っている果樹園では，すでに十分量のカリウムが施用されていたこととなる．しかし，なにごとにも例外が存在し，たとえば，宮城県のブルーベリー放任園より事故後数年たって後も高濃度の放射性セシウムを含む果実が収穫されたという事例が報告されている．ブルーベリーは浅根性の樹種に該当し，根の浅い樹種の代表とされることが多い．さらには，放任園地では，施肥も十分ではなく，カリウムが欠乏している園地も多い．このように低いカリウム濃度の土壌での栽培と根域のきわめて浅い樹種という要因が重なった結果，このような放射性セシウム濃度の基準値を超える果実が発生したと考えられる．このような，低い施肥量で管理されている園地では，放射性セシウムの吸収に対して「通常量の」カリウム施肥は効果的であろう．

2.2.3　樹皮除染の実施と効果

土壌に対する除染やカリウム，ゼオライトなどの吸収抑制対策がとられる一方で，2011 年度冬季にはカキを中心に，大規模な樹皮除染が行われている．落葉果樹にとって冬季は主にせん定・整枝，冬季の施肥管理，加えてカキやブドウなどでは，越冬病害虫の防除を目的に粗皮削り作業を行う時期である．樹皮除染は簡便に，加えて粗皮削りを兼ねて行うことを目的に，高圧洗浄機を用いた洗浄処理が行われることとなった．実際の作業実施に関しては 2.3 節で後述するが，この作業は生産果実の放射性セシウム濃度を減少させる結果を生み，一定の成果をもたらせたと考えている．しかしながら，あえて述べるならば，この実施時期や方法については，最善であったかどうかの判断を現在も付けがたい側面もある．

まずは，問題が収まるであろう樹種に対する高圧洗浄処理の実施である．2011 年度の大半の生産果実の放射性セシウム濃度は，新しい基準値（暫定規制値 500 Bq/kg から 100 Bq/kg）を超えておらず，また，果実の生物的減衰を考えると，樹皮除染の有無にかかわらず生の果実が基準値を超過することはほとんどないことが推察できたはずである．そのため，大半の地域，樹種では，特段高圧洗浄を行わずとも平時の作業のみで問題なかったと考えられる．また，この後の一般検査の精度では，そもそも無処理の果実の放射性セシウム濃度が基準値を大きく下まわり，検出限界値以下となるため，樹皮除染の効果は表現されにくいという点もある．往々にして，このような特殊な作業は，後々に生育状況に不都合があった際に，「あれが原因では？」と帰結するきらいがある．この数年後，モモの穿孔細菌病が，全国的に蔓延する年を迎えたが，この原因も「高圧洗浄のせいではないか？」と犯人扱いされたということを聞くことがある．実際は，「全国的に」と述べたように，高圧洗浄を行った福島県内のみの多発生ではなく，これが原因とは考えにくく，高圧洗浄を実施した年あるいは翌年に出ないというのも直接的な原因とは言いづらい．

次に，放射性セシウムの基準値超過があった樹種，すなわち，あんぽ柿に対する実施である．こちらは，他の樹種と違い，少しでも早く低下するための措置は何でも行うべきであった．前項でも述べたが，モモなどの樹種では実際に基準値を超えることがなかったが，価格低下が著しかったことを反映し，事故直後の1作期目の栽培を犠牲にしても，こういった除染作業を前倒しに，それに対して補助金を出すといった政策の実施が遂行できた可能性がある．

なお，高圧洗浄を一斉に実行したメリットとして，生産者の被ばく量を下げることや安全・安心に対する取組みのアピールにつながる作業であることが挙げられる．安全・安心に対するアピールとしての成果については，実際の比較がなく感覚的なものに留まるが，生産者の被ばくを下げるメリットとしては評価できると考えられる．他には，除去樹皮を園地より持ち出す必要があったか，という点がある．ブルーシートを敷くなどの後，樹皮除染を行ったほうが良いはずであるが，土壌からの移行が少ないとういう点や，限られた冬季の期間での除染作業スケジュールを考えれば，シートを敷くという作業の優先順位が下がったのは仕方がないことかもしれない．あんぽ柿では基準値超過問題が残っていくこととなるが，土壌に樹皮を落としてよいのか，という懸念が生じる．これに対しては，土壌からの移行は少なく，樹皮を地上部に残すよりはより良い選択であるという点を，農家に的確に伝えておく必要があったと思われる．

2.2.4　2012年度からのモニタリング調査

2011年度後半から2012年において上述のような対策がとられる一方で，実際に樹体の生育が始まらないと明らかにできない点も多く存在した．チェルノブイリ事故を受けたプルーンの調査では，事故翌年には果実中放射性セシウム濃度はおおむね3分の1に低下したといった報告があり，このような傾向は福島原発事故後にも起きると考えられていた．しかし，実際の果実の濃度がどのようなものであるかについては，確実ではなかった．事故翌年度の果実の濃度

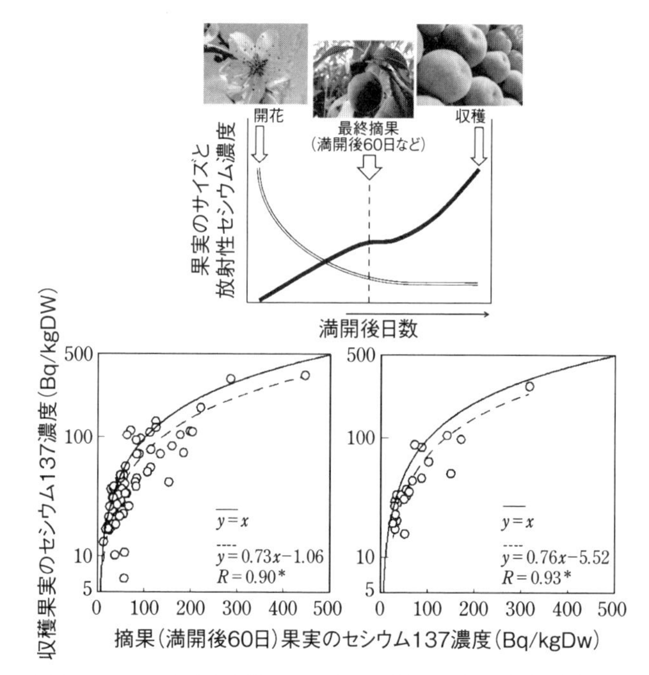

図 2.6　モモ果実発育期間中における果実肥大（−）と放射性セシウム濃度（＝）の変化（上）ならびに摘果果実と収穫果実の放射性セシウム濃度の関係（高田ら 2014）．R は相関係数（5％で有意）

は，食品の放射性セシウム規制値変更も相まって注目が高まった．収穫果実濃度の推定を事前に検討する声なども存在した．そこで，果実発育期間の果実濃度の変化が前年度と同じであるか，といった点に主眼を置きつつ調査が行われた．

まず，果実発育期間中の果実濃度の変化を調査したところ，おおむね果実発育第2期に果実の放射性セシウム濃度が底打ちすることが明らかとなった．よって，この時期の果実と収穫果実の濃度を，より多数の園地で調査し，再現性を確認することで，測定期間の分散や前倒しが可能であることが推測できた（図 2.6）．労力の分散や汚染樹体の抜き出しに有用であることは明らかとなったが，実際にはこの試験の成果は，今回の福島事故には，直接的に生かすことはできなかった．結果としては，果実の放射性セシウム濃度は前年よりも低下

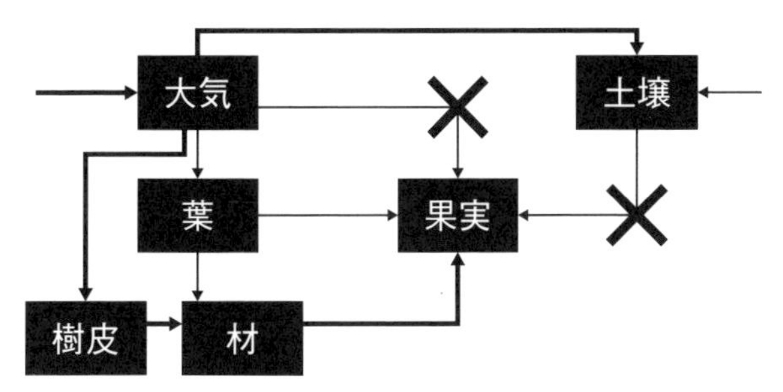

図 2.7　実際の放射性セシウムの果実への移行経路
図 2.3 を基に検討した結果，果実へは太い矢印でのルートの寄与率が高い

し，事故年である前年よりも高い濃度が検出された品目はなかったためである．

事故後 2 年目に多くの有用なデータが出そろい，過去に考えられていた放射性セシウムの果樹における移行も現在は，図 2.7 のように，絞られてきている．主要な果樹生産地で放射性セシウム濃度が低下している現在，果実における移行などの機作を調査することは，植物の栄養吸収や樹体内の物質収支，放射性セシウムの蓄積と排出を明らかとするうえで重要である．さらには現在（2016年）も生産の再開されていない避難指示地域における果樹栽培の再開に関する基礎資料という意味でも重要である．とはいえ，実際はほとんどの樹種の果実の放射性セシウム濃度は，2 年目以降問題となるようなことはなく，あんぽ柿を除けば，放射性セシウム濃度そのものの問題ではなく，それを取り巻く諸問題が懸念されつつある．その 1 つは，まったく検出されない果実に対する検査体制の維持がいつまで必要であるか，あるいは風評被害は回復するのか，といった面にシフトしつつあった．この辺りの，生産者や行政の受け止め方，実際の対応，その移り変わりについて 2.3 節で紹介する．

2.3　福島県果樹産地における果樹生産・流通対策

2.3.1　原子力災害直後の果樹産地の動向――2011 年産

本節では，福島県中通り県北地域における原子力災害直後の果樹生産の動向をみていく．2.1節で概観したように，主要な品目であるモモ・リンゴ・ブドウ・オウトウは，原子力災害による営農への制限は指示されていない．これは，生産出荷に関する規制が敷かれなかったということにすぎず，福島ブランドとして一定の地位を確立していた果樹産地は，不測の事態の中で大きな混乱の渦中にあった．

(1)　2011年産果実の収穫までの動向

まずは，2011年産の春作業開始から夏以降の販売までの動向をまとめる．2011年3月，福島県農林水産部は，『「がんばろう　ふくしま！」農業技術情報（原子力災害対策）』を発行し，品目ごとの生産指針を公表した．果樹については第2報（3月26日）により「果樹は永年性の作物であり，今年の管理が翌年にも影響することから，当面の病害虫防除等，栽培管理は継続的に実施して下さい．なお，作業時は，帽子やマスク，手袋を着用して下さい」との情報が発表された．この指針により，果樹産地は「栽培管理の継続」を前提に対策を組み立てることとなった．

旧JA新ふくしま管内[1)]を事例に，2011年産の動向をみていく．旧JA新ふくしまは，4月5日にJA管内の20会場で緊急地区別営農集会を開催した．各集会には，情報を求める生産者がひしめき，参加人数は，生産者・農協・行政職員など約3,000名にのぼったと記録されている．ここでは，農作業の遅れ，放射性物質対策に関する不安の声など意見・要望が多数あがった．JAは，これらの声を受け止めつつ，放射性物質対策として吸収抑制・検査体制を整備すること，損害が発生した場合の賠償請求準備を同時に進めることを前提に，営農を継続する方向性を提示した．

この時点で果樹産地においては，行政・農協・生産者の間で「営農継続」の指針が確認された．ほぼ同時期に，流通側から産地へのアプローチが始まっている．全国の取引市場業者のうち，最も早く行動を起こした業者は，4月20日時点で農協を直接訪れ「通常どおり取引するので，ぜひ市場に果実を出荷し

---

1)　2016年3月に旧JA新ふくしま（福島市・川俣町），旧JA伊達みらい（伊達市・桑折町・国見町），旧JAみちのく安達（二本松市・本宮市），旧JAそうま（新地（しんち）町・相馬市・南相馬市・飯舘（いいたて）村）が合併し，現在はJAふくしま未来となっている．

て下さい」とのメッセージを伝達している．産地では，原子力災害の直後で収穫された農産物の放射性物質検査が始まる前から，流通業者からの「取引継続」もしくは「取引中止」連絡が入り始めた．全国的に一定のシェアをもつ果実では，続々と「取引継続」連絡が入ったとされているが，この時点では，農産物の安全性に関する情報は，生産側も流通側も持ち得ていなかった．

(2)　果実の検査結果——2011 年産

2011 年産果実の放射性セシウム含有量は，5 月下旬のオウトウのモニタリング検査から順次明らかになっていった．検査により暫定規制値 500 Bq/kg を超過し，複数市町村で出荷制限が指示された品目は，ウメ・ユズ・クリ・キウイフルーツの 4 品目であった．これらは，販売目的の栽培経営体数が少ない品目であったことから，販売への影響は限定的であった．

表 2.2 に主要な果実のモニタリング検査結果（2011 年度）を示した．検査の検体数は，栽培市町村数などによって異なる．150 検体以上で検査を行ったのはモモ・リンゴ・カキ・ニホンナシで，その他の品目では検査数は 100 検体に満たない数である．

この検査で，暫定規制値（500 Bq/kg）を超過したのは，カキの 1 検体（南相馬市，670 Bq/kg）であった．カキの出荷制限指示は，南相馬市に限られた

表 2.2　福島県における果実の放射性物質モニタリング検査結果（2011 年度）（単位：検体）

		モモ	リンゴ	カキ	ニホンナシ	ブドウ	オウトウ
検査数		239	218	188	176	79	25
検査結果区分 [セシウム 134 +セシウム 137 Bq/kg]	N.D.-25	132	160	103	163	65	14
	25-50	75	39	38	13	13	3
	50-75	24	14	25	0	0	3
	75-100	5	5	8	0	0	5
	100-500	3	0	13	0	1	0
	500 以上	0	0	1	0	0	0
25 Bq/kg 以上割合		45%	27%	45%	7%	18%	44%
100 Bq/kg 以上割合		1%	0%	7%	0%	1%	0%
最大値（Bq/kg）		161	99	670	48	121	96

福島県「ふくしま新発売」http://www.new-fukushima.jp/（2016 年 8 月 1 日閲覧）農林水産物モニタリング情報より作成．

ものの，25 Bq/kg 以上の割合が 45.2% と検出率の高さが明らかになった．検査結果をうけて，福島県は「あんぽ柿」を加工する際の放射性物質の濃縮度合いに関する加工試験を開始した．この試験により，原料カキの状態では暫定規制値未満であっても，乾燥濃縮後の「あんぽ柿」になると暫定規制値を超える場合があることが確認されている（コラム1参照）．産地（市町村・JA）は，福島県に対し「あんぽ柿」加工製造に関する緊急要請を提出（10月11日），福島県はこの要請を加味し，一部地域を対象に，カキを原料とする乾燥果実の加工自粛を要請することとなった（10月14日：伊達市・桑折町・国見町，11月2日：福島市，南相馬市）．

その他の果実は，すべての検体が暫定規制値を下回ったことから，出荷に関する制限は受けていない．ただし，25 Bq/kg 以上を検出した割合は，1-4割程度となっており「全量が検出されない」という状況にはなかったことがわかる．また検査結果の最大値は，モモとブドウが 100 Bq/kg 超過，リンゴとオウトウが 90-100 Bq/kg，ニホンナシで約 50 Bq/kg とごく少数ではあるが 100 Bq/kg 前後の値が検出された[2)]．ギフト用の果実販売を行っていた生産者は，モニタリング検査で暫定規制値を下回っていたとしても，放射性物質が検出されている事実をどのように消費者に伝えるべきか，思い悩んだ．果樹経営者による消費者への情報提供・直接販売の動向については，2.3.5 項で取り上げる．

(3)　果実の販売価格——2011 年産

では，2011 年産の果実の販売流通はどうであったか．2010 年から 2011 年にかけて，品目別の主力品種の平均単価は，モモ「あかつき」427→187 円/kg，ニホンナシ「豊水」633→425 円/kg，リンゴ「サンふじ」428→422 円/kg と下落した（JA 新ふくしま果樹専門部会資料 2013 年3月，農協共選手取単価）．リンゴは全国的な不作により例年並みの価格水準となったが，ニホンナシは例年の3分の2以下，モモは例年の半額以下まで価格が暴落してしまったのである．

2)　食品における放射性物質の基準値が 100 Bq/kg に定められ適用されたのは，2012 年4月1日であるが，この新基準値設定につながる指針は 2011 年 10 月 28 日時点で，すでに厚生労働省から提案されていた．そのため，産地では 100 Bq/kg という数値は基準値として適用される前から，安全性に関する1つの指標となっていた．

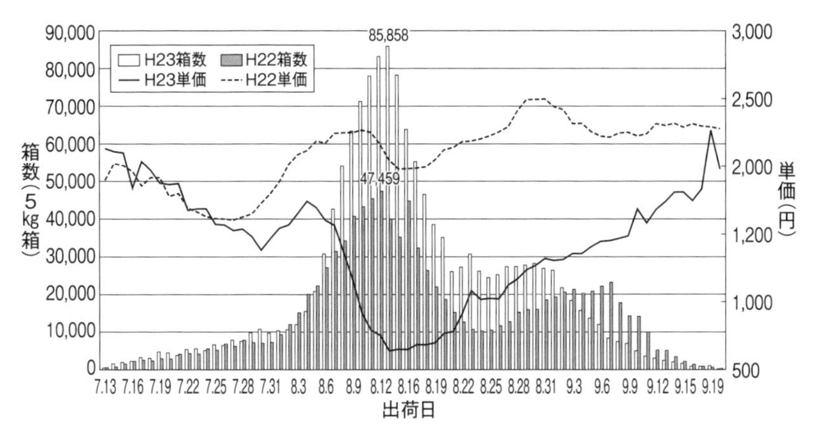

図 2.8　旧 JA 新ふくしま管内におけるモモの出荷量と単価（2011 年度）（出典：旧 JA 新ふくしま提供資料（2012 年 4 月））

図 2.8 により，モモ農協共選の集荷量・販売単価を確認する．7 月中旬の出荷開始時には，例年並みの数量・価格での取引が開始されたものの，収穫量が増える 8 月上旬から共選場の集荷量が増加し，単価が暴落していることがわかる．2011 年産は豊作基調の中，原子力災害の影響によりこれまでの販売先（個人消費者・観光果樹園等の直売所・卸売業者など）との取引が成立しなかった生産者の多くが，農協共選場への出荷に頼り，かつてない量のモモが共選場に集まった．農協は取引先の確保に奔走し，なんとか全量を売り切ったものの，価格の下落を回避することはできなかった．

2.3.2　果樹における放射性対策の技術情報と除染

2011 年産は，例年通りの果樹栽培が行われている．ただし，放射性物質対策に関する農業技術情報は，主な果実の収穫が始まる前の 7 月から提示されはじめた．2011 年 7 月 25 日，福島県農林水産部は，『「がんばろう　ふくしま！」農業技術情報（第 13 号）放射性物質試験の最新成果情報（1)』において，「果樹の樹体に付着した放射性物質の除染対策を確立しました：放射性物質の付着により汚染されている果樹類の主枝で，粗皮剝ぎや粗皮削りを実施すると，汚染程度が著しく軽減されることが明らかになりましたので，作業が可能な範囲で実施して下さい」との情報を発信した（その根拠については 2.2.1 項

図2.9　モモ樹皮下部の洗浄・ナシ粗皮削り（出典：福島県農林水産部「がんばろう　ふくしま！」農業技術情報（特別号）2011年12月28日）

参照）．

この時点で，樹体の具体的な除染手法として，粗皮が形成される果樹（ブドウ，ニホンナシ，リンゴ，カキ）の粗皮削りが提案されている．なお，粗皮が形成されにくい樹種（モモ・オウトウなど）の樹皮の洗浄に関する指針は，その後の『福島県農林地等除染基本方針』から組み込まれている．

このように果樹対策については，2011年7月時点で放射性物質対策の技術指針が提示されていた．ただしこの時期は，国（環境省）の除染事業実施のための法律・行政指針の整備がはじまったばかりであり，実際に除染事業として現場で対策を実施できるようになるのは2011年12月以降であった[3]（図2.9参照）．

(1)　樹園地における除染事業の枠組み

国・県における除染事業の制度設計と同時進行で，生産現場では除染作業体制整備が進められた．樹園地除染にあたって中通り県北地域では，11月に福島県果樹研究所・農協・市町村合同で，樹体の高圧洗浄・粗皮削りの除染実験を実施し，具体的な作業手法の確認をすませている．さらに，12月上旬には，

3）　2011年8月26日，汚染廃棄物対策と除染対策について規定する「放射性物質汚染対処特別措置法」が成立し，9月30日には原子力災害対策本部が「農地や森林の除染の基本的な考え方」を公表した．12月19日に，環境省「除染対策事業実施要領」により事業実施主体・事業単価などのメニューが示され，除染事業を統括する行政的な準備が整った．

事業主体となる農地等除染協議会（市町村・農協・県農林事務所など）を設置し，行政的な準備ができ次第，ただちに除染事業に着手できる体制を整えていた．

2.2 節では，果樹における放射性物質の影響に関する研究動向をみてきた．ここでは実際に『福島県農林地等除染基本方針』においてどのような樹園地対策が採用されたのかを確認する．樹園地の除染は，①樹皮の洗浄，②粗皮削り・粗皮剝ぎ，③改植，④除染のための整枝・せん定，⑤表土の削り取りの5つの手法が提示された．このうち，広域で実施された作業は，樹体の放射線量を低下させるための①洗浄，②粗皮削り・粗皮剝ぎの作業であった．③改植，④せん定は，除染事業の枠組みでは実施されていない．⑤表土の削り取りは，市町村ごとに対応に差が生じた．この手法を実施したのは，唯一福島市である（コラム 2 参照）．

(2)　除染事業による樹体の洗浄・粗皮削り・粗皮剝ぎ

まず，広域に実施された樹体の①洗浄，②粗皮削り・粗皮剝ぎについての動向を整理する．樹体除染の効果としては，①樹皮の洗浄では付着した放射性物質の約 55% が除去できる，②粗皮削り・粗皮剝ぎでは放射性物質の 80-90% を取り除けることが掲げられている．環境省除染事業においては，対象物の放射線量を大幅に低下させることが事業の目標となる．除染事業の枠組みにおいては「樹体に付着した放射性物質の除去効果」が指標とされており，樹体除染により果実への移行を低減させたいという産地のねらいはあったものの，「果実における移行低減効果」の検証は求められていなかった（果実生産への影響については 2.2.3 項参照）．

環境省によると，これら 2 つの手法による除染作業は，2012 年 3 月末までに 4,300 ha で実施された．実施市町村数は，中通り地方 14 市町村（県北 8，県中 5，県南 1），浜通り地方 3 市町村に分布しており，会津地方を除き広いエリアで実施された．2017 年 4 月末現在，樹園地の除染面積は 5,190 ha となっているが，その 83% は 2011 年度内に完了している．樹体除染は，除染事業の制度的枠組みが固まった直後に事業が開始され，短期間で集中的に作業が実施された．

コラム2　福島市が実施している樹園地の表土の削り取り除染

福島市は，すべての樹園地を表土削り取り除染事業の対象と捉えている．ただし，事業開始直前の現地調査で空間線量率が0.23 Sv/hを上回っており，かつ農業者の同意が得られた場合のみ表土の削り取り作業を行うため，実際にはすべての樹園地が事業対象となるわけではない．

2016年4月，福島市は全地区でのべ20回の除染説明会を実施した．樹園地の耕作者2,229名に案内を発送し，うち454名（20%）が説明会に参加している．農業者の要望を踏まえ2016年度は156 haで事業を実施し，年度末には完了面積合計が245 ha（9%）となる予定である．福島市は，2017年度以降も希望者を募り事業を継続する計画である．ただ，地区説明会の出席率は2割程度であったことから，事業導入を検討中の農業者は，ごく一部に限られているといえる．

作業の流れをまとめると，①表土除去，②客土，③土壌改良材散布，④現場保管の4段階となる．①表土除去は，おおむね5 cmを目標に実施される．②客土には，主に近隣の山砂が用いられる．客土においては土壌の肥沃度は担保できないため，③土壌改良材の投入が行われる．投入にあたっては，表土と客土の土壌成分分析の値を比較し，成分の不足分を補うように5種類（堆肥・ゼオライト・カルシウム・カリウム・リン）の資材の投入量が提案される（施肥については2.2.2項参照）．農業者は自身の施肥設計の判断により，不要な資材などの指定を行うことができる．④現場保管では，表土除去面積の5%を目安に，保管場所を確保する必要がある．保管手法は地下埋没か地上保管のどちらかを選択できる．1 haの樹園地で表土を除去し，地下埋没保管を希望する場合，5 aは樹を切り倒して現地保管の用地を確保しなければならない．

作業フローは，モデル事業で生じた問題点などを整理し設計されている．③④は，農業者の個別の判断により調整可能となっている．また，肥沃な表土を削り取ることに抵抗のある農業者や，汚染土壌を現場保管することに抵抗のある農業者は，①④の工程を省略し，②客土，③土壌改良材散布のみで事業を完了させることも可能としている．このように，樹園地の表土削り取り作業については，農業者の果樹の肥培管理に関する考え方の違いに応じて，柔軟な作業工程を選択できるように設計されている．ただし，表土削り取りが果樹の生育そのものに与える影響については，中長期的な検証を要する．福島市は，今後も福島県果樹研究所および県北農林事務所などと連携し，経過を観察することとしている．

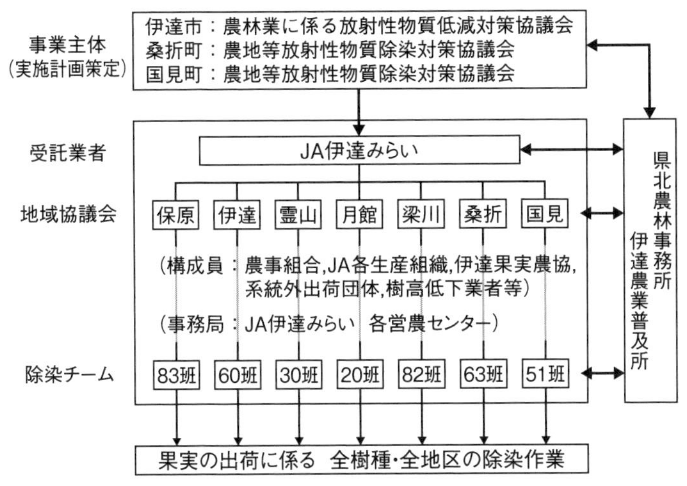

図 2.10 旧 JA 伊達みらい管内の樹体除染作業組織図（伊達市「農林業に係る放射性物質低減対策協議会」資料より作成）

図 2.10 は旧 JA 伊達みらい管内の，樹園地除染の組織編成である．実際の作業を行う除染チームは，農協の専門部会・農事組合などの組織を活用し，小字単位を基本に編成された．高齢化などにより作業員確保が難しい班では，臨時雇用（別チームの若手農業者や非農家）も活用し労働力を確保した．農業経営にとっては，通常どおりの冬季のせん定作業と樹体除染作業を両立しなければならず労働過重が生じたものの，年度内に除染作業を完了させることを目標に，樹皮の洗浄という冬季の水仕事を伴う過酷な労働に一丸となって取り組んだ．

事業実施時には，すべての園地で樹種別に樹体を 1 本 1 本数える本数調査を実施している．作業後は，すべての樹体で除染を終えているかをチェックし，除染進捗マップに記録した．管内の樹園地 2,209 ha における樹体除染の実績は，34,871 カ所，470,577 本であった．

(3) 除染事業による樹園地の表土削り取り

一方，⑤表土の削り取り作業は，2017 年 7 月現在でも作業途上にある．福島市は，2011 年度末に樹体除染の作業目処がついた時点で，次なる対策として⑤表土削り取り事業の実施を構想し，環境省との協議に入った．樹園地での表土削り取り事業においては，表土5cmを除去すれば大幅に空間線量率を下げられることは明白であった．しかし，前例のない大がかりな土木作業であるため，事業費見積もり算定，除去した土の処理方法の検討，表土削り取りの果樹栽培上の影響の検証のためには，まずはモデル事業を実施する必要があった．

福島市は，2013年2月から2014年3月にかけて，モデル事業として40戸30haの表土除去作業を行った．モデル事業成果の検証により作業フローを改訂し，2015年4月から本事業に入っている．2016年5月時点で，空間線量率の高い地区対象に141戸60haで表土削り取りが完了している．福島市内の樹園地の全面積2,690haに対し，実施面積は90ha（3%）となっている（コラム2参照）．

2.3.3　産地自主検査の開始と果実の検査結果

原子力災害から2年目の2012年度，国における放射性物質対応の大きな変化は，食品に含まれる放射性物質の基準値100Bq/kgの運用が開始されたことである．このような厚生労働省における食品規制の枠組みの転換と同時期に，福島県は，県独自で放射性物質の検査体制の強化に着手した．

(1)　福島県事業による産地の自主検査の開始

図2.11に，福島県における放射性物質検査体制を示した．福島県は，農林水産物のモニタリング調査に加えて，産地での自主検査を実施している．産地ごとの自主検査は，福島県「ふくしまの恵み安全・安心推進事業」（2012年度開始）の枠組みの中で，地域協議会が実施主体となって行っている．事業者による自主行動基準は，「法律よりも高い水準のルールを適用」する場合と，「法令遵守」を目的とする場合に大別されるが，福島県の産地での自主検査は，法令遵守のための自主検査を支援対象としている（小山・小松 2013）．

農産物モニタリング検査では，精密分析装置による検査を行うが，実施する指定機関がこなせる検査数には上限がある．そのため，厚生労働省は「食品中の放射性セシウムスクリーニング法（2012年3月1日改正）」に基づいた簡易分析装置による自主検査の実施を推奨している．福島県における産地の自主検査は，スクリーニング検査に位置づけられる．

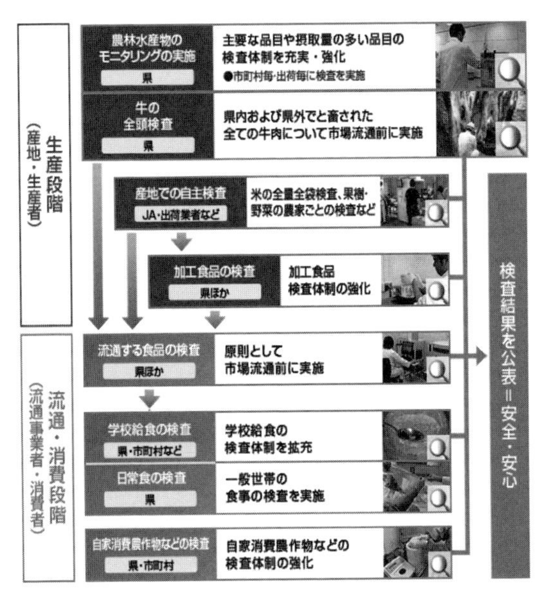

図 2.11　福島県における放射性物質検査体制（出典：福島県「ふくしま新発売」http://www.new-fukushima.jp/（2016年8月1日閲覧））

この事業では，地域協議会が検査機器の設置と測定員の配置の計画を立て，県に事業申請を行う．県は検査機器購入費と人件費の費用を負担し，地域協議会は県に検査結果データを転送する．事業初年度の 2012 年度は，①モモの自主検査（サンプル調査），②玄米の全量全袋検査（全数調査，玄米専用のベルトコンベア式簡易分析装置利用），③農産物直売所・観光農園などにおける自主検査（サンプル調査）の体制の整備に着手している（朴・小松 2013；小松 2013a）．2013 年度からは，さらに対象品目が拡充され，野菜 24 品目，果実 12 品目，穀物 4 品目の自主検査結果がウェブページ上のグラフで確認できる体制が整っている．

(2)　果実の自主検査体制

ここでは旧 JA 新ふくしま管内を事例に，もっとも早くスクリーニング検査体制が整ったモモについて確認する（2012 年度）．自主検査の検体採取の基本

コラム3　あんぽ柿の全量非破壊検査

「あんぽ柿」は伊達地域の特産品である．この地域においては，モモ・キュウリに次ぐ主力の販売品目に位置づけられており，旧JA伊達みらいの災害前の「あんぽ柿」の売上金額は19億円にのぼっていた（2010年度）（小松 2014a）．農業経営にとっては，農閑期である冬季に加工・販売作業を行うことで，高い農業所得を確保できる貴重な農産物であった．

原子力災害後は，産地として原料柿への放射性物質の移行と乾燥加工による濃縮のリスクを検討し，加工を自粛すべきかを判断してきた．2011年産から2012年産までは，収穫物を産地廃棄し，加工を自粛するという苦渋の選択がなされてきた．全量加工自粛が2年間続いた「あんぽ柿」だが，3年目の2013年産に，生産・流通回復に向けた一歩を踏み出している．

福島県あんぽ柿産地振興協会（2013年7月設立，全農福島県本部，関係市町，関係団体，福島県）は，「あんぽ柿」専用の非破壊検査機器の導入を決め，検査機器メーカーに開発を依頼した．この年，新たな検査機器が完成し，検査機器12台による全量検査実施が可能となった（2013年12月）．この非破壊検査機器は，32個のNaIシンチレーション検出器を搭載し，出荷箱（2 kg）に入った8個の「あんぽ柿」トレーを同時に測定する検査機器である．測定は100秒程度で，「食品中の放射性セシウムスクリーニング法」に定められた性能を担保している．

表1は「あんぽ柿」の非破壊検査結果である．乾燥処理により放射性セシウム濃度が濃縮される「あんぽ柿」においても，専用の検査機器の導入により基準値を超える商品が市場に出回ることを回避できる体制が整った．2015年産には，生産量が2010年の半数程度まで回復し，検査点数は366万点となっている．

この検査体制への評価について，2015年12月に「あんぽ柿」を取り扱う卸売市

表1　「あんぽ柿」における放射性物質の全量非破壊検査の結果

		25 Bq/kg未満	25–50 Bq/kg	50 Bq/kg超過	合計
2014年度	検査数（検体）	1,910,755	107,097	3,148	2,021,000
	割合（%）	95	5	0	100
2015年度	検査数（検体）	3,486,649	164,594	9,221	3,660,464
	割合（%）	95	4	0	100

福島県あんぽ柿産地振興協会「あんぽ柿放射性物質の検査情報」（2015年3月13日，2016年3月17日）より作成．

場業者にアンケート調査を実施した（実施主体：がんばっぺ！！あんぽ柿協議会（旧 JA 伊達みらい，全農福島県本部ほか），調査設計：福島大学，配付：22 社，回収：16 社（72%））．「放射性物質の出荷前全量非破壊検査の実施によって，安全性に関する信頼性は向上しましたか？」との問いに対し，13 社は「信頼性は大きく向上」，3 社は「産地を信頼しているので検査手法により認識変わらず」と回答している．この調査により，回答した全社が現状の検査体制に納得しており，卸売業者の間では風評被害は生じていないことが確認された．

あわせて，需要量に関する調査を行ったところ，生産量が 2 分の 1 に減少している 2015 年時点では，需要量が供給量を上回っており，取引業者は生産回復を強く要望していることが明らかとなった．産地では，生産・流通の回復と産地再編を目指し，新たな加工・選果場を建設するなどの取組みを続けている．

方針は，①圃場コード別に検体採取，②同一作物を長期間出荷する場合は 30 日ごとに複数回，③果実は品種ごととなっている．①圃場コードは，定植日・施肥内容・農薬防除の管理単位に割り振られているので，生産履歴と検査サンプルが連動している．モモを例にとると，「1 生産者 1 品種 1 団地 1 検体」のサンプルが自主検査に回ることになる．

検査結果は「ふくしまの恵み安全・安心推進協議会」が県内の自主検査の結果をまとめてウェブページで公開している．生産地（市町村別）と採取期間（1 カ月単位）を選択すると，その結果がグラフとして表示される．

2012 年度は，福島県内全体で 9,804 検体の自主検査を実施した．国の指示による農産物モニタリング検査数は 346 検体となっており，この体制によって，モモでは 28 倍に検査サンプル数が拡大したことになる．

(3)　果実の検査結果——2012 年産から 2015 年産

2011 年産の主要な果実では，食品の暫定規制値 500 Bq/kg は下回っていたが，ごく一部 100 Bq/kg を超える果実があることが示された（2.3.3 (2)）．表 2.3 に，2012 年産以降の主要な果実の産地自主検査およびモニタリング検査の結果をまとめた．モモ・リンゴ・ニホンナシ・オウトウの主要な 4 品目においては，細かな数値の違いはあるものの，おおむね同様の経年変化をたどっているといえる．4 品目の経年変化をまとめると下記のようになる．

表 2.3　福島県における果実の放射性物質の検査結果――産地自主検査とモニタリング検査

			モモ	リンゴ	ニホンナシ	オウトウ
産地自主検査（検体）	検査数	2012 年度	9,804	2,055	5	0
		2013 年度	9,294	4,074	2,703	800
		2014 年度	9,707	4,167	2,664	830
		2015 年度	5,161	4,699	2,304	564
	うち 25 Bq/kg 以上検出	2012 年度	119	31	0	0
		2013 年度	0	3	1	7
		2014 年度	0	0	0	1
		2015 年度	0	1	0	0
モニタリング検査最大値（Bq/kg）		2012 年度	31	23	15	41
		2013 年度	5	12	21	15
		2014 年度	4	6	4	5
		2015 年度	N.D.	6	3	7

ふくしまの恵み安全対策協議会 https://fukumegu.org/ok/mieru/momo（2016 年 8 月 1 日閲覧），福島県「ふくしま新発売」http://www.new-fukushima.jp/（2016 年 8 月 1 日閲覧）農林水産物モニタリング情報より作成．
※ 25 Bq/kg 以上検出された検体はすべて 25–50 Bq/kg となっている．

2012 年産では，モモ・リンゴの産地の自主検査が先行して実施された．この検査により，モモでは 25 Bq/kg 以上の値が検出される検体は 119 検体で，全体に占める割合は 1% 程度であることが示された．また，4 品目すべてでモニタリング検査の最大値が 50 Bq/kg 未満に低下した．これらのデータにより，主要な品目では基準値 100 Bq/kg を超える果実が収穫される可能性はきわめて低いことが示された．

2013 年産では，自主検査の 25 Bq/kg 以上検出率が 0.1% 未満，モニタリング検査の最大値が 25 Bq/kg 未満となり，前年度よりもさらに検出率・検出される値が低下している．2014 年産と 2015 年産は，自主検査の 25 Bq/kg 以上検出数がほぼゼロに近づき，モニタリング検査の最大値は 10 Bq/kg 未満となった．

なお，2015 年産においては，モモの自主検査の検体数が約 1 万検体から約 5,000 検体に減少している．これは，旧 JA 新ふくしま管内の自主検査方針の見直しによる．管内では，1 団地の中で，樹体 1 本単位で複数品種を栽培している生産者が存在している．栽培品種が多い生産者からは，面積あたりの検査対象数が多くなり，検査準備に過度な負担がかることが課題としてあげられていた．地域協議会は，品種別の検査結果に差がみられないなかで，団地ごとにすべての品種で検査を続けることには合理性がないと判断し，基本方針を見直している．

これらの検査結果により，果実については2012年産時点で，食品の基準値100 Bq/kgを超える果実が生産・流通される可能性はきわめて低いことが確認できるようになった．また，2014年産以降は，放射性物質が検出される検出率と最大値がゼロに近づいている．このように安全性を証明するためのデータの蓄積が進むなかで，検査体制の維持にかかる費用をいつまで行政が負担すべきか，生産者・産地の労力負担をどのように軽減するべきかの議論が始まっている．

2.3.4 放射性物質対策実施後の果実販売・流通の動向

福島県産果実においては，検査により放射性物質の含有量が基準値を大幅に下回っていることが確認されており，年を重ねるごとに放射性物質の影響は低下している（2.3.3項）．一方，流通販売の回復には苦戦を強いられており，果樹経営・産地は依然として厳しい状況が続いているといえる．ここでは，福島県産果実価格の原子力災害から5年間の経過を，単価と全国平均に対する相対価格から確認していく．

(1) 福島県産果実の単価の推移

図2.12に福島県産果実の原子力災害前後の価格（年平均）を示した．原子力災害後の価格変動がもっとも大きいのはモモである．2011年には，過去経験したことのない水準まで単価が暴落しているが（2.3.1 (3)），その後は回復傾向にある．ニホンナシは，震災前5年間と同じ価格帯で推移しており，原子力災害以降は高い単価水準に達している年次はないが，極端な低単価とはなっていない．リンゴについても同様で，事故前5年間と同じ価格帯のなかで一定の単価水準を維持している．このように，福島県産果実の価格そのものとしては，2011年産のモモを除いては，極端な低単価での取引とはなっていない．

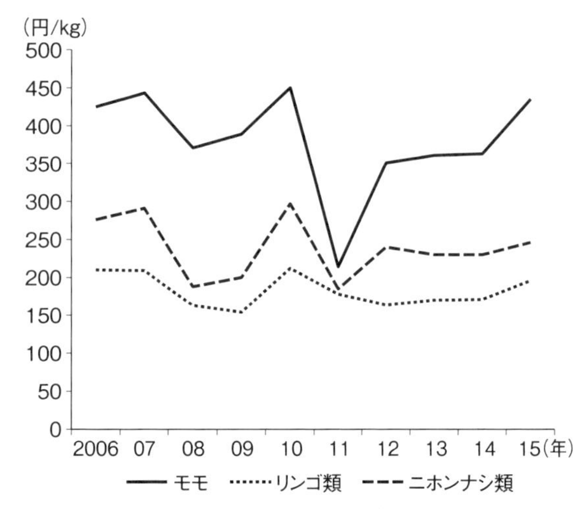

図2.12　福島県産果実の単価の推移（東京都中央卸売市場「市場取引情報」より作成）
福島県産年平均価格を示す.

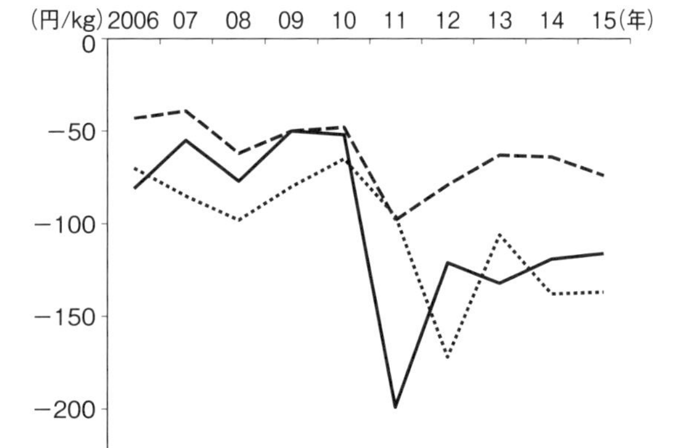

図2.13　福島県産果実の全国平均との価格差（東京都中央卸売市場「市場取引情報」より作成）
［福島県産－全国］で平均価格差を示す.

(2)　福島県産果実の相対価格の推移

次に，福島県産果実の相対価格はどのように推移しているかを確認する．図2.13に，福島県産価格と全国平均価格との単価差を示した．事故前（2006年から2010年）は，単価差は－38から-98円/kgの範囲で推移しており，いずれの品目も100円以上マイナスになる年次はなかった．しかし，事故後（2011年から2015年）は，モモ・リンゴにおいて，全国平均価格を大幅に下回る水準で価格が推移していることがわかる．

事故から5年後の価格の回復状況を確認するために，事故前5カ年平均値（2006-2010年）と2015年の単価差を比較する．モモでは，2010年までの平均が－63円/kgであったが，2015年は－116円/kgとなっている．図2.13で2012年以降は単価が「回復傾向にあることを確認しているが，全国との相対価格でみると，価格水準は低下したままで推移していることがわかる．

リンゴでは，2010年までの平均が－63円/kgであったが，2015年は－137円/kgとなっている．リンゴは，全国的に高単価が続いたにもかかわらず，福島県産の相対価格は低く抑えられたことから，単価下落はまぬがれたものの相対価格は低位のまま推移していたことがわかる．

ニホンナシは，2010年までの平均が－48円/kgであったが，2015年は－74円/kgとなっている．事故前の水準までは回復していないものの，モモ・リンゴに比較し相対価格の変動は小さい．

このように，いずれの品目でも依然として相対価格は低い水準のまま推移しており，価格回復は実現していない状況にあるといえる．なお，東京電力は農産物の「風評被害」に対する損害賠償支払を行っている．農協共選品目の一部では，年次ごとに市況格差をもとに賠償請求金額を算定し，賠償金により相対価格の低下を補塡している．この支払によって，果樹経営における農業所得の低下は抑えられている．ただし，いつまで損害賠償支払が続くのか先行きは不透明であり，産地は一刻も早く市場の評価を回復するための努力を続けている．

2.3.5　果樹生産者が受けた影響と復興に向けた取組み
——若手果樹生産者グループふくしま土壌クラブを事例に

ここまで，果樹産地における原子力災害後の5年間の動向をみてきた．果樹生産者は，自ら樹体除染作業に従事し，樹体1本1本の放射性物質低減に取り組んだ（2.3.2項）．また，福島県における産地の自主検査実施の枠組みのなかで，出荷前検査の検体採取・提出作業を続けている（2.3.3項）．果樹生産者は，除染・検査による追加的作業をこなし，労働過重を乗り越え営農を続けているのである．

農産物販売における原子力災害により受けた影響を鑑みると，「市場価格の低下」（2.3.4項）はほんの一面でしかない．果樹経営の一部は，多様な販売チャネルを組み合わせて経営を発展させてきた．農協出荷，市場出荷に加え，直接販売（口コミによる電話注文販売，ダイレクトメールを利用した受注販売，ホームページによるインターネット販売など），経営の多角化（観光果樹園，直売所運営，加工品販売など）に取り組んできた経営も多い．

2010年農林業センサスによると，福島市において「直接販売」を行う経営体の割合は44%，「農産物の売上1位の出荷先」が「直接販売」の割合は23%となっており，直接販売が主な販売チャネルの1つに位置づいていたことがわかる．果樹経営が獲得した顧客名簿は，経営者の創意工夫と長年の努力の結実である．直接販売を主体とする農業経営者は，果実の安全性を高めるための産地全体の取組みを実施することに加えて，「風評被害」による顧客の流出をどのように食い止めるか，新規の顧客にどのようにアプローチするかを，個別経営ごとに模索する必要があった（小松 2014b）．

ここでは，果実生産における放射性物質対策と顧客への情報発信を続けてきた福島市若手果樹生産者グループ「ふくしま土壌クラブ」が，福島大学うつくしまふくしま未来支援センター（大学の取組みは（福島大学うつくしまふくしま未来支援センター 2014; 守友ら 2014; 小松・小山 2012; 小山ら 2012; 小山・小松 2013）を参照）と連携して行ってきた活動を通して，果樹生産者がどのように原子力災害と向き合ってきたのかを紹介する．

(1)　表土剝離実証試験などへの協力

「ふくしま土壌クラブ」は，福島市内の果樹生産者12名が，原子力災害後に新たに設立した生産者組織である．専業経営を営む三十代から四十代の経営者と後継者によって構成されている．2015年7月時点の会員数は9名である．

2011年12月より構成員の圃場の放射線量調査をはじめ，2012年2月15日の設立総会から「ふくしま土壌クラブ」という会の名前を冠しての活動をスタートさせた.「原子力災害からの農業復興のためには，農地と果実の汚染状況を詳細に把握し，科学的な対策を行うことが不可欠である」との基本方針により，実証試験への協力，汚染実態把握，研究成果情報の収集，消費者への情報発信に取り組んでいる.

実証研究への協力においては，旧JA新ふくしまと連携し，放射性物質低減資材の実証試験に取り組んでいる（2012年度）．また，福島県県北農林事務所における表土剝離効果に関する試験に協力し，実証圃場を提供している（2012年度）．あわせて，会員の一部は福島市表土削り取りモデル除染事業を導入している（2013年度）.

表土削り取り除染を実施するうえでの農業者の考え方について,「ふくしま土壌クラブ」会員の意識を整理した．表土削り取りによる空間線量率の低減は，外部被ばく対策に繋がる．この対策を実施するねらいとしては，樹園地と近接している自宅や周辺の住居での生活上の被ばくの低減と，樹園地内での農作業上の被ばくの低減の2つの側面がある．農作業上の問題としては，家族だけでなく，雇用者が働く作業環境をできる限り改善したいという配慮がある.

また，肥培管理上の視点として，耕うん時（果樹改植，施肥）に放射性物質を攪拌し，根と汚染土壌が接することを避けたいというねらいもある（土壌から果実への移行については2.2.2項参照）．長い期間をかけて土づくりに取り組んできた表土を削り取ることは苦渋の選択であるが，除染事業を実施した農業者は，放射性物質を除去したうえで，あらためて土づくりに取り組んでいる.

(2)　放射性物質の測定と研究情報の収集

「ふくしま土壌クラブ」は，樹園地の汚染実態を詳細に把握することを目的に，2011年産の収穫作業が一段落し，樹体除染が開始される直前の12月から，会員の樹園地を対象としたGMサーベイメータによる放射性物質測定を実施している．できる限り詳細なデータを集めるため，10aあたり7から9カ所のマーキングポイントを設定している．会員共通の手法による測定を行い，結果をマップに整理して見比べながら，地域的な汚染程度の違いや樹園地内での汚染程度のばらつきの大きさなどを確認してきた.

あわせて，土壌スクリーニング・プロジェクトの実施にあたり，旧JA新ふくしまの組合員を代表して，樹園地全筆測定の先行実施に協力している．また，2013年度には，個人線量計により積算線量測定を行い，作業上の被ばくについて確認した.

放射性物質の果実への移行については，福島大学うつくしまふくしま未来支援センターとの共同研究により，幼果（摘果果実）の放射性物質測定を実施し，結果を定例会で共有した（2012-2014年度）（摘果果実と収穫果実の関係については2.2.1項参照）．2012年産の測定では，幼果検体ごとに放射性物質の含有量にばらつきがみられたため，樹園地の放射線量による差，樹種別の差についておおまかな傾向を確認した．このように，検体差を確認できたのは2012年産までで，それ以降は，すべての幼果検体で検出される値が低下している（2013年産10 Bq/kg未満，2014年産5 Bq/kg未満）.

2014年4月には，福島県果樹研究所の研究者を講師に，原子力災害後の研究結果に関する研究会を開催した．ここでは，果実への移行の実態や樹園地の対策のあり方について，実証研究結果の専門的解説を受け，質疑により疑問点を1つ1つ確認した.

(3)　放射性物質対策に関する消費者への情報発信

「ふくしま土壌クラブ」は，果実の安全性の検証とともに，消費者にどのように放射性物質対策の情報を伝えるべきかの検討を続けてきた．放射性物質の測定結果を消費者に公開する場合，①測定値について情報を付加することには，安全性をアピールできるプラスの側面と，放射性物質が含まれる可能性について改めて意識させるマイナスの側面がある，②サンプル検査では「手元にある商品の測定結果」を示せないため，安全性を担保する資料として扱うことを躊躇する，③検査機関により測定下限値・測定誤差が異なるため，精度とわかりやすさをふまえ，どのような「測定結果表」を公開すべきか選択する必要がある，という難しさがある.

「ふくしま土壌クラブ」は，放射性物質対策に関する情報の取扱いの難しさをふまえ，消費者への情報発信のあり方を分析するために，2012年8月から

図 2.14 「ふくしま土壌クラブ」パンフレット（一部）

10 月に顧客意識調査を実施した（福島大学うつくしまふくしま未来支援センターとの共同研究）．調査票は，会員が消費者に直接発送する果実の箱の中に同梱して配布し，郵送で回収した（配布数 8,354 部，回収数 1,845 部，回収率 22%）（小松 2013b）．

この調査により，①放射性物質への不安を感じる顧客は 2 割程度，②不安を感じる顧客の半数は検査の「細かな測定結果の数値」ではなく「全体の検査体制の説明」を求めている，③ 60 歳以上の顧客が多くインターネット利用率は 1 割と高くないが，不安を感じる顧客ではインターネットの利用率が高いことなど，情報発信の内容を検討するうえで基本とすべき顧客の認識が確認できた．

この結果をふまえ，商品の品質の説明や生産者のメッセージの後に放射性物質対策の説明を表記することで「放射性物質に関する表記が威圧的にならないよう配慮」することと，不安に感じている消費者に「検査体制と検査結果を知ってもらうこと」の，2 つの側面のバランスをとりながら消費者向けパンフレットを作成している．

図 2.14 は，「ふくしま土壌クラブ」が 2016 年度に，活用したパンフレットの一部である．産地ブランド化に向けた取組みとあわせて，放射性物質対策の取組みを伝えている．高品質果実生産の取組みの一環として放射性物質対策に取り組んでいること，産地では徹底した自主検査を実施していること，検査結果がウェブページで公表されていることを，写真を用いながら紹介している．

(4)　産地再生に向けた新たな挑戦

原子力災害を契機に結成された「ふくしま土壌クラブ」は，自らによる放射性物質の計測によりデータを集めながら，安全性に関する検証を続けてきた．また，研究者と連携し，果樹栽培上の放射性物質のリスクについての理解を深めつつ，消費者意識に寄り添った情報伝達のあり方を模索してきた．このような「ふくしま土壌クラブ」の活動は，放射性物質の果実への移行が低下し，多くの研究結果が公表されて科学的メカニズムを確認できるようになった４年目（2014 年度末）に１つの区切りをむかえている．

2015 年度以降は，一丸となって放射性物質対策に取り組んできた熱意をそのままに，目標を「ふくしま果樹産地の発展」にまで高め，災害前からの産地課題をふまえた新たな挑戦を開始している．民間企業の支援を受けて開始した「桃の力プロジェクト」（2015 年２月-2016 年７月）では，①福島県産モモの主力品種「あかつき」の食味・ブランドイメージなどに関する消費者意識調査の実施（福島大学うつくしまふくしま未来支援センターとの共同研究）と都市消費者サポーターとの連携の仕組みの模索，②モモを原材料とした加工品開発（県内加工業者などと連携），③食育絵本『あかつきむらのももばたけ』の制作（絵本作家と連携）に取り組んでいる．

原子力災害という苦境のなか，農業者が結束して安全性を追求してきた活動の輪は大きな広がりをみせ，５年目には果実を通じて都市の食卓と幸せを共有する新たな仕組みづくりへと展開していった．また，科学的知見に基づいた果実生産への自信は，子どもたちに地域農業に誇りを感じてもらいたいという願いを再起させ，地域の気候と豊かな風土のなかで農業者が丹精込めて果実を生産し，人々においしさを届ける姿を描く絵本が創られるに至った．このように，原子力災害に正面から向き合ってきた農業者は，苦境を乗り越えたその先に，豊かな農業経営と果樹産地を形成することを目指し，新たな目標に向かった活動を続けているのである．

2.4　果樹王国復活の道のり

事故後７年目となった現在では，原発事故が福島県の果樹生産に及ぼした影響は，本来の危険要因である放射性核種の量や濃度以外の問題が大きいことがうかがえる．もちろん，避難地域に指定されている果樹栽培地域も存在し，これらに関しては営農再開対策を講じる必要がある．その一方で，現在，ほとんど放射性核種が検出されない地域では，いわゆる「風評被害」という用語に代表される，直接的に放射性核種の量が関係していない消費者行動論的な問題が残っている．これらの原因は，モニタリングなどの結果をみる頻度や関心度といった見方の違い，とくに，消費者側の情報更新が遅い側面が大きいことに起因していると考えられる．このような情報更新の遅れには，明確な成果を得ても，それを情報発信する力，受信する環境が十分でない面があると感じる次第である．

現在も続く，果実のセシウム137濃度を毎年調査したモニタリング試験での結果に少し触れる．果実のセシウム137濃度は事故後2年目と3年目に3分の1ずつ低下しており，事故後4年目以降はこのような変化がなく，収穫果実の濃度としてみれば十分に安定して低い状態を保ちつつある．この現象には，今後の福島県内の果樹産業を考えるうえで正負両面の問題がある．プラスとして，再び放射性セシウムが問題となるケースがないと喜べるが，このような情報を大消費地である首都圏で情報発信される機会は，福島県下と比べるとかなり少ない．収束しつつあるといった地味な情報は，基準値超えといったセンセーショナルな情報と比べれば，見向きもされない．本来ならば，現在栽培が可能な地域においての好材料である情報を，なかなか活かしきれないもどかしい状態である．また，日本における果樹の位置づけとして，贈答用としての側面が強い点が他の作物との違いでもあり，贈答用としての消費行動は，自家消費用の消費行動とは異なる面がある．

前述のモニタリング結果の事故後4年目以降低下がみられないという点は，福島の果樹栽培にとってマイナスの側面もある．現在栽培が再開されていない地域や，ようやく問題の収束したあんぽ柿生産などに関しては，現状以上の濃度低下は見込めないとなる．とくに避難地域での生産再開にあたっては十分な対策を行わねば営農再開できない可能性を含むこととなる．あんぽ柿に関しては，各種の調査試験が継続されている．あんぽ柿の汚染は生産のどの段階で汚染が進むか，樹体内のどの部位より採取された果実で汚染度が高いか，あるいは，カキ特有の器官である「へた」からの吸収，カキ樹体表面に付着するコケの効果なども検証されつつあり，果実中放射性セシウムの低減に寄与することに期待がもたれる．これに関しても，試験や調査を行っていることを大々的にアピールすることは，安全性に問題がないとの消費者の認識を遠ざけるものであるかもしれない．すなわち，「まだ，調査が続いている」が，「調査をしなければならないほど危ないかもしれない」と置き換わる可能性があり，正しく情報を伝えることも検討していかなければならない．

果樹における，放射性核種の移行・動態に関しては，かなりの点が福島原発事故後の調査で明らかとなった．長く続くモニタリング調査に関しては，事故当初は安全性の評価につながる重要な調査であったが，現状を大局的にみた場合，10年単位での科学的な調査として継続されるべき課題であるし，科学的調査という側面を押し出し，安全性に対する隠れた懸念があるという誤解を生まないようにきちんと表現し，伝えるべきである．加えて，果樹という産業は生産だけでは成り立たず，放射性セシウムの低減を目的とした，生産現場に近い試験から実際の購入者の消費心理の解析までの幅広い調査を進めていくことが，販売価格の回復につながることを後押しすることになろう．

参考文献

Brown, J. and Sherwood, J. 2012. Modeling Approach for the transfer of Radionuclides to Fruit Species of Importance in the UK. HPA-CRCE (Health Protection Agency-The Centre for Radiation, Chemical and Environmental Hazards) -039, pp. 3-5.

福島大学うつくしまふくしま未来支援センター編．2014．『福島大学の支援知をもとにしたテキスト災害復興支援学』八朔社．

小松知未，小山良太．2012．「地域住民と大学の連携」．『放射能に克つ農の営み――ふくしまから希望の復興へ』(菅野正寿・長谷川浩編)，コモンズ，pp. 227-241.

小松知未．2013a．農産物直売所における放射性物質の自主検査の意義と支援体制の構築――福島県二本松市旧東和町を事例として．農業経営研究，51: 37-42.

小松知未．2013b．原子力災害後の消費者意識と果樹経営による情報発信――農家直送・福島県産果実を受け取った顧客アンケート調査から．2013年度日本農業経済学会論文集：242-249.

小松知未．2014a．原子力災害の被災地域における放射性物質対策の実態と支援方策――福島県・伊達地域を事例に．農村経済研究，32: 25-35.

小松知未．2014b．原子力災害後の果樹経営における販売実態と直接販売の動向——福島市を事例として．農業経営研究，52: 47-52．
小山良太，小松知未，石井秀樹．2012．『放射能汚染から食と農の再生を』家の光協会．
小山良太，小松知未．2013．『農の再生と食の安全——原発事故と福島の 2 年』新日本出版社．
朴相賢，小松知未．2013．農産物直売所における原子力災害の影響と放射性物質検査体制の導入——福島県・県北地域を対象に．農村経済研究，31: 115-122．
守友裕一，大谷尚之，神代英昭編．2014．『福島農からの日本再生　内発的地域づくりの展開』農山漁村文化協会．
佐藤守．2012．樹園地土壌の放射性物質の経時的推移．第 29 回土・水研究会「福島第一原子力発電所事故による農業環境の放射能汚染——この一年の調査・研究と今後の展望——」．http://www.naro.affrc.go.jp/archive/niaes/magazine/144/mgzn14401_05.pdf (2017 年 8 月 22 日閲覧)．
高田大輔，佐藤　守，阿部和博，小林奈通子，田野井慶太朗，安永円理子．2014．放射性降下物に起因した果樹樹体内放射性核種の分布（第 8 報）——摘果果実を用いたモモ成熟果実の放射性 Cs 濃度の推定について．RADIOISOTOPES, 63 (6): 293-298.
高田大輔，安永円理子，田野井慶太朗，中西友子，佐々木治人，大下誠一．2012．放射性降下物に起因した果樹樹体内放射性核種の分布（第 2 報）——福島第一原子力発電所事故当年における土壌からの放射性 Cs の移行について．RADIOISOTOPES, 61 (10): 517-521.
高田大輔，安永円理子，田野井慶太朗．2013．放射性降下物に起因した果樹樹体内放射性核種の分布（第 6 報）——土壌の ^{137}Cs 濃度の不均一性がブドウ及びイチジクの樹体への移行に及ぼす影響．RADIOISOTOPES, 62 (8): 533-538.

第3章　林業
——都路できのこ原木生産を再び

三浦　覚

3.1　森林の放射能汚染と向きあう

2011年3月11日の東北地方太平洋沖地震に引き続いて発生した東京電力福島第一原子力発電所（以下，福島第一原発）事故（以下，福島原発事故）がもたらした放射能汚染は，人々の森林との関わりをずたずたにし一変させてしまった．原発事故発生後，原発周辺の住民は避難を余儀なくされ，大きな放射能雲が飛んでいった原発の北西方向を中心に広い地域で住民の居住が制限されたり禁止されたりした．事故発生3年後の2014年4月1日から一部の地域で避難指示が解除され始めたが，今なお帰還の見通しが立たない地域も残っている．避難指示が解除された場合でも，域内の森林は住居周辺や農地とは状況を異にしている．住居周辺や農地では除染によって人の外部被ばくや農作物への放射性物質の移行が低減され，元の住居に住むことと農作物の生産再開が可能になっている．しかし，そのような住居周辺に比べると森林の除染は進んでいない．森林で働く人々の被ばく量を管理しながら可能な範囲で林業活動を徐々に再開し，森林の放射能が低下するのを待っているという状況である．それは，福島県において県土の71％という広大な面積を占める森林に対して取り得る現実的な対処方法でもある．

本章では，福島原発事故で放射能汚染の研究に携わった経験から，放射能汚染に向き合うということについて書き留めた．原発事故で一時は避難していた故郷の里山に戻り地域の再生を願う住民や，被災地域で林業を再開しようと奮闘する林業関係者のことを想像しながら執筆した．働く人のなかで林業に従事する人の数は多くはないが，森林に囲まれた地域に暮らし森林と結びつきのある人となるとけっして少なくはない．ふだんは意識していなくても，都会に暮らす人も含めて日本人と森林の関わりは深い．里山に暮らす地域の住民から，山林所有者，林業事業体，行政機関の林業関係者，政治家まで，汚染されたふるさとを再び住めるようにし帰還して暮らすことを望む人々と，同じ日本の国土に暮らしていながらそのような事態を想像することしかできない人々に，放射能汚染の研究を通して気がついたことを記録しお伝えしたいと思う．

放射能汚染は，森林域に限らずこの地域と周辺に暮らすすべての人々に広く影響を及ぼしている．しかし，森林であるがゆえの厄介さもある．また，森林の恵みに依存して成り立つ林業ならではの問題も抱えている．

本章では，まずはじめに，福島第一原発から15-30 kmの距離にある森林組合の苦悩とその寄って来たるところを書き記す．続いて，森林の放射能汚染について明らかにされたことを概括したのち，あまり知られていない福島原発事故以前の環境の放射能汚染とそれを足掛かりに福島の放射能汚染の見通しを持つことについて触れる．むすびでは，これからも続く森林の放射能汚染からの復興を目指す現地の人々との対話を通して思い至ったことを述べたい．できることならば，これらを通して，放射能に汚染された里山でのこれからの暮らしに1つでもヒントになることをお伝えできればと願っている．なお，本章に書かれた見解は一研究者として筆者個人のものであることをお断りしておく．

3.2　いつになったら売れますか？

3.2.1　きのこ原木優良産地の苦悶

筆者は，2013年11月，福島原発事故による放射能汚染の発生から3年近くが経とうとしていた時期に，森林の放射能汚染の教育と研究のため，それまで勤めていた森林総合研究所から東京大学に2年間の予定で派遣された．森林総合研究所に在任中も2011年の事故発生当初から森林の放射能汚染のモニタリング調査に関わっていた．大学教員としての活動は2年間という限られた期間であったため，放射能で汚染された里山で暮らしそこで生計を得ていた人々が事故発生前の生業を取り戻すために何を必要としているのかをみきわめたいと考えていた．森林総合研究所にいたときは，汚染地域の林業現場の方々から直接話を聞く機会はあまりなかった．そのため，まず直接自分の目と耳で確かめたいと思い福島県庁を訪ねることにした．2013年11月26日に，県庁の森林計画課を訪ね，放射能汚染発生から3年近くが経過していたその当時，何が未解決の課題として残っているかについてうかがった．

森林計画課では，松本秀樹課長はじめ渡辺茂主幹，丹治信博主任主査，水野俊一主査（所属肩書きはすべて当時．以下，同様）の4名の職員の方々が，依然として大変多忙な業務のなか時間を割いて対応してくださった．福島県が独自に調査を行っている「森林環境モニタリング調査事業」や森林整備を通じて森林の除染をめざす「ふくしま森林再生加速化事業」を通して明らかにされた結果について，厚い資料を用意して説明してくださった．「ふくしま森林再生加速化事業」では，森林から下流に位置する農地や人の居住地への放射性物質の流出が発生していないか，森林を適切に管理してその発生を十分に防げているかを確かめるためのモニタリング調査が行われているとのことであった．また，針葉樹では製材で発生する樹皮が高濃度に汚染されて処分に困っていること，広葉樹ではきのこ栽培用のコナラなどの原木生産がほぼ県内全域で停まってしまっていること，さらに福島県として国際原子力機関（IAEA）と協議の場を持って，森林についても放射能汚染対策について助言を受けていることなどについてお話をうかがった．

農地に比べると調査や対策がゆっくりとしか進められなかった森林の放射能汚染対策であるが，福島県の林業が停滞してしまわないように，手を尽くそうとされている強い意志が伝わってきた．森林，林業の分野で研究をしていながら筆者自身知らなかったのだが，原発事故が発生するまでは，福島県はきのこ生産のための広葉樹原木の県外への供給元として全国一の実績を誇っていた．それが，原発事故による放射能汚染のために一気に生産が停まってしまった．食品であるきのこの生産に関わっていたためである．広い地域で出荷制限されている原木シイタケの露地栽培と，そのシイタケ栽培のためのコナラなど広葉

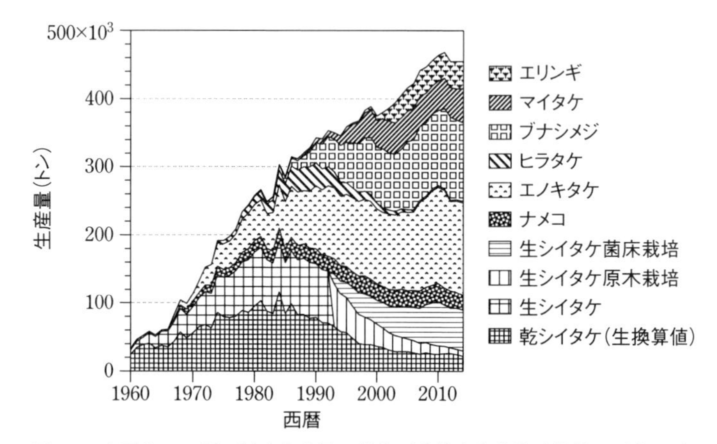

図 3.1　主要きのこ類の国内生産量の推移（農林水産省統計情報，平成 27 年特用林産基礎資料から作成）

樹原木の生産については，有効な対策を確立する見通しが立たないままに手詰まりの状態にあることがわかった．

ここで，日本のきのこの生産と林業の関係や，きのこの栽培方法などについて説明しておこう．最近のスーパーマーケットでは，シイタケやエノキタケのほかにも，マイタケ，ブナシメジ，エリンギなどのいろいろな種類のきのこが並び食卓に彩りを添えている．日本のきのこの生産と消費は，この 50 年ほどの間に劇的に増加している（図 3.1）．これは，消費者の健康志向にかなったということもあるが，菌床栽培という工場生産のような栽培方法が発達して大量生産と生産管理がやりやすくなったことの寄与も大きい．林業といえば，山で樹木を伐採して丸太を伐り出し木材を生産することがまず思い浮かぶと思う．このような木材生産を中心とする林業産出額は，木材輸入自由化後の木材価格の低迷と 1990 年代後半からの木材需要の減少が重なって，2000 年代の初めまでの十数年のうちにピーク時の 3 分の 1 程度にまで減少した．その結果，2000 年代に入ると，きのこの産出額が木材の産出額と肩を並べて，ほぼ半分ずつを占めるようになった．きのこの生産は，今では林業の主要な生産品目となっている（図 3.2）．

さて，きのこの栽培方法だが，培地の作り方によって原木栽培と菌床栽培の 2 通りの方法がある．原木栽培では，丸太を丸ごと培地にして栽培する（図 3.

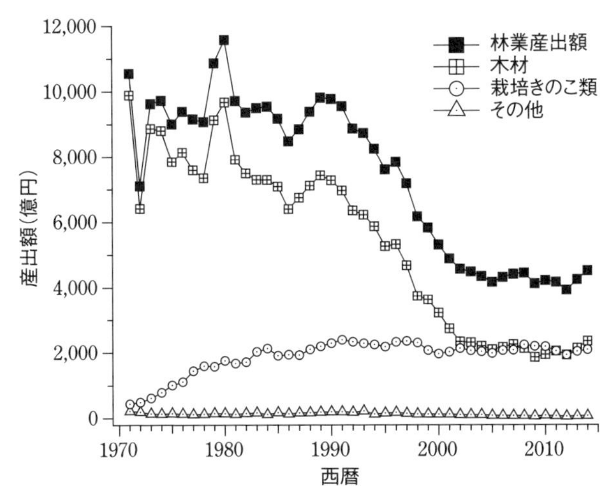

図 3.2 日本の林業産出額に占める木材生産と栽培きのこ類生産の変動傾向（農林水産省統計情報，平成 27 年林業産出額累年統計から作成）

図 3.3 シイタケの原木露地栽培（工藤義行氏ほだ場，福島県相馬市）

3)．通常は，太さ 8-15 cm のコナラやクヌギの丸太を 90 cm ほどの長さに伐採する．これを原木という．原木にドリルで穴をあけて，コルク栓のような種駒を打ち込んで菌を植え付けて，丸太の内部に菌糸が回るのを 1 年から 2 年ほ

図3.4　シイタケの菌床栽培（いわき菌床椎茸組合，福島県いわき市）

ど待つ．森林内では倒木などに自然感染するきのこの菌を，人工的に接種するのである．植菌された原木はほだ木と呼ばれ，ほだ木は森林内の林床に立て掛けたり，施設の中で棚に積んだり吊り下げたりしてきのこを発生させる．森のなかで倒木に菌がついて自然発生する，野生に近いきのこを生産することが可能である．

もう1つの菌床栽培では，広葉樹の丸太を数mmくらいのおが粉に粉砕して，主原料にする．これにふすまなどの養分を混ぜてポットに詰めて培地とし，種菌を添加してきのこを発生させる（図3.4）．ハウスのような小規模な施設内で生産されることもあるが，大規模な生産者の場合には，大型の専用工場を作って温湿度を管理し，年間を通じて栽培する．

原木栽培では，伏せ込みと呼ばれるほだ木の仕込みをしてからきのこが発生するまでに1年以上を要する．一方，おが粉を培地にした菌床栽培では，ポットにおが粉と種菌を仕込んでから数カ月程度できのこの収穫が可能であり，生産管理も行いやすい．そのため，近年では菌床栽培の生産量が拡大し8割を超えている．ただし，自然環境に近い原木栽培されたきのこの風味にも根強い人気があり，とくにシイタケやナメコの生産では原木栽培を続ける生産者も多い．

福島県庁を訪ねたところに話を戻そう．福島県の林業がそのようなきわめて厳しい現状にあることを改めて感じながら県庁の森林計画課をあとにし，近くにある福島県森林組合連合会を訪ねた．林業事業者の生の声を聞くためである．森林組合連合会では，宍戸裕幸専務にお話をうかがうことができた．ここでも県庁で聞いたとおりに浜通りから中通りでは，ほとんどの森林組合で広葉樹の原木生産が完全にストップしており，生産再開の目途はまったく立っていないことを聞かされた．そのようななか，ある森林組合が停まってしまった原木生産再開のために広葉樹の萌芽林施業を何とかして復活させたいと苦闘しているので，一度現地を訪ねてみてほしいと紹介された．田村市の東の端にある都路（みやこじ）町のふくしま中央森林組合都路事業所のことであった．阿武隈山地のきのこ原木林の一大優良産地に立地していた．

福島県は県土を東西に大きく3つに分けて，東から浜通り，中通り，会津と呼んでいる．太平洋に面した県東部には花崗岩からなる阿武隈山地が広がり，分水嶺の東側を浜通りという．県西部には奥只見地方などの山深く積雪も多い山域が広がり会津と呼ばれる．浜通りと会津の間にはさまれて，福島市―郡山市―白河市が回廊のようにつながった盆地帯を中通りと呼ぶ．田村市都路町は，福島県の中央部を北上する阿武隈川水系と太平洋側に流れる高瀬川水系の分水嶺を太平洋側に超えたところ，浜通りに位置する．北に葛尾（かつらお）村，東に浪江（なみえ）町と大熊（おおくま）町，南に川内（かわうち）村が接している．福島第一原発から20 km圏の境界が町の真ん中を横切っており，それより東側の20 km圏内は2014年4月1日までは避難指示解除準備区域に指定されていた．

県庁と森林組合連合会で情報収集した翌週，2013年12月3日に，田村市都路町古道（ふるみち）にある都路事業所の事務所を訪ねた．永沼幸人組合長，吉田昭一参事のおふたりが迎えてくださった．ふくしま中央森林組合は，2006年9月に福島県の県中地区にある2市5町3村にまたがる4つの森林組合（石川地方，岩瀬地方，田村東部，都路村の旧森林組合）が合併して誕生した広域森林組合である．南部と西部に位置する小野，石川・岩瀬事業所はスギを中心とした人工針葉樹林の用材生産の林業地域であるが，北東の端にある都路事業所管内では，他の事業所とは大きく異なる広葉樹林を中心とした独自の林業が行われていた．広葉樹の萌芽林（図3.5）が管内森林の約6割を占め，40年余りにわたってきのこ栽培用の原木生産を中心に据えた林業経営がなされていた．都路事業所の

図3.5　きのこ原木生産に使われていた広葉樹萌芽林（ふくしま中央森林組合都路事業所管内，福島県田村市）

コナラやクヌギなどのきのこ原木用広葉樹の生産を中心に据えた萌芽林施業は，この地域でも非常にユニークなものである．

萌芽林施業とは，広葉樹林に特有な森林の取り扱い方法である．コナラ，クヌギ，サクラ，クリなどの落葉広葉樹の多くは，伐採するとその翌年の春には切り株から萌芽枝と呼ぶひこばえが発生する．元気のいい株の場合は，1つの株から何十本もの萌芽枝が伸びてくる．この萌芽枝を育てて再び収穫し利用するという森林管理方法である．萌芽林施業では，スギやヒノキなどの針葉樹のように苗木を植栽する必要がないので造林費用を省ける．切り株には地下部の根に養分が蓄えられているので，萌芽枝は植栽木よりも成長が早く，伐採収穫して更新したあとの初期の下刈り費用も少なくてすむなど，低コストで森林を繰り返し利用することが可能である．広葉樹の萌芽林は，昭和30年代頃までは薪炭林として燃料や炭焼きなどに利用されていた．室町時代や江戸時代の頃から広く日本中で利用されていた森林の管理方法である．広葉樹がもつ天然の生命力を利用するところに特徴がある．都路では，スギやヒノキの針葉樹人工林と同じように，広葉樹の萌芽林に対して集約的できめ細かな施業方法が確立されていた．ただ，前述したように，原発事故以降はその広葉樹萌芽林でのきのこ原木生産が完全にストップしてしまっていた．

永沼組合長は，原発事故発生から2年半余りの森林組合の苦境についてお話しされたのち，筆者に「ぜひ力を貸してほしい」とお願いされた．「都路の原木は，いつになったら売れるのでしょうか」「コナラの放射能は，いつになったら50 Bq/kg以下に下がるのでしょうか．汚染されたコナラはすぐに伐採して更新した方がいいのか，新たに植えなおした方がいいのか，教えてください．どちらもダメならダメでそれも仕方ありません．どちらにしても，いつになったら原木の放射能が50 Bq/kg以下に下がるかが知りたいので，ぜひそれを調べて教えてください」．

筆者は答えることができなかった．

都路事業所の日々の仕事を切り盛りしているのは青木博之所長である．組合員である森林所有者の方への施業計画の提案，伐採と原木の生産，原木林の下刈りや萌芽枝を間引く芽かき，苗木の植え付けなど森林の生産現場での作業から，製材品市場の市況を睨みながら製材所での製材品の生産計画まで，日々動いている森林組合のさまざまな仕事を調整して担当職員に指示を出されている．原発事故直後は，福島第一原発構内で樹木を処理する作業にも緊急協力されたとのことであった．その後も，完全に停まってしまったきのこ原木やおが粉の生産を代替する業務の確保という，先の見えない仕事が双肩にのしかかったまま解決策を見出せないで苦悶されていた．

その青木所長からも，「今コナラを伐って萌芽させたら，20年後に収穫するときは50 Bq/kg以下に下がっているのでしょうか」と永沼組合長と同じことを尋ねられた．「今伐ったら次に売れるのなら伐ります．20年間だったら，原木が売れなくても何とかして食いつなぎます．もう20年，40年間待ってくれといわれるとどうしようもないけれど，1伐期20年なら何とか持ちこたえます．どんなものでしょうか」と気丈に話されていた．ほんとうにきのこ原木に頼らないで20年間森林組合の仕事を回せるのだろうかと心配になったが，相談に乗るよりも前に，都路に通い始めた初めの頃ははっきりとお答えできることが何もなかった．筆者が取り組む放射能汚染の調査研究の話はもちろん，地域への帰還の話になっても，経済損失の補償の話になっても，「いつになったら売れますか」と森林組合の方々に繰り返し尋ねられた．答えられないことに申し訳なく思うと同時に，生計の糧を失った生産者の方々の苦境を思わずにはいられなかった．

この2014年の頃は，ふくしま中央森林組合と東京電力との間で原木林の放射能汚染による損害賠償交渉が本格化している時期でもあった．永沼組合長と吉田参事で対応されたとのことであったが，通らぬこととは承知のうえで，「賠償金は一銭も要りませんから，山に入って伐ってきた原木を事故前と同じ価格で買い取ってください．東電が事故前と同じように原木を買ってくれれば他には何も要りません」と幾度となく要求せずにはいられなかったと聞いている．

原発事故前の2009年4月には，都路事業所だけで122人の現場の作業員を雇用していたとのことである．事故後は，避難で転居した人のほか除染などの原発事故の災害復旧のための仕事に引き抜かれて，2015年4月には42人にまで減ってしまったという．

2014年初めから2年半，さまざまな側面からコナラの放射能汚染についての研究を進めた結果，現在では，将来の放射能汚染のゆくえについて，自分なりの見通しがみえてきたように思う．その一端は後半で述べるが，広葉樹萌芽林を原木林として再び利用したいのであれば，放射能汚染された原木林は地上部を一度伐採して搬出処分し更新した方がよいと思う．広葉樹は高齢になると萌芽力が低下する．萌芽林として今後も利用するのであれば，施業を停めて放置しておいてもよいことはない．ただし，森林の樹木の利用用途は多様である．たとえば，きのこ原木以外に家具用材の利用へと転換するのであれば，伐らずにそのまま大きく育てる選択肢もあり得る．

森林組合は，今回はからずも事業全体の再構築を余儀なくされた．この不条理な状況下においても希望を見出そうとするならば，腹をくくって原発事故を一度立ち止まる機会ととらえ，次の世代に残す森林の姿と利用のあり方を描き直すべきではないかとも思う．永沼組合長は，2013年に組合長に就任された際にそのような考えを持たれ，「ふくしま中央森林組合21世紀の森プロジェクト」を設置し，管内の森林の将来ビジョンを描くことに取り組まれている．21世紀の森プロジェクトはふくしま中央森林組合の委員会ではあった．しかし，それにとどまらず，農林業とともに暮らしを紡いできた地域の文化を次の世代に引き継ぎ受け渡すために，気持ちをふるい立たせたかったのだと思われた．

放射能汚染に負けることなく，森を作り整備していくことが今森林を預かっている自分たち森林組合の使命であるという思いを組合員や職員の皆さんと共有されたかったのであろう．

3.2.2　原発事故前後の福島県の林業

実際のところ，原発事故による放射能汚染が福島県の林業に及ぼした影響は一体どのくらいのものであったのだろうか．これを林業産出額からみてみよう．図3.6は，2011年をはさんで2009年から2015年までの全国と福島県の林業産出額を，2010年を基準にして部門別に示したグラフである．

まず全国の傾向をみると，きのこ類の生産が2011年から2012年にかけて10％程度落ち込んでいるが，4年目の2014年には原発事故前の水準近くに戻っている．針葉樹の生産は増減が大きいが目立った影響はないと考えられ，広葉樹の生産が減少しているのは原発事故前からの減少傾向が継続しているものと思われる．一方，福島県の林業生産額の落ち込みは著しい．福島県全体の林業産出額が2012年には2010年の6割程度にまで低下している．産出額の低下が目立つのはきのこ類と広葉樹の生産である．きのこ類の生産は2013年から回復傾向を示し，2014年には事故前の6割程度にまで回復している．広葉樹の生産も2013年にいったん回復するかにみえたが，2014年から2015年にかけて再び5割近くにまで減少が続いている．きのこ類の生産は露地で原木栽培されるものよりも施設内で菌床栽培されるものの割合の方が多いので，きのこ類全体としてはある程度放射能汚染対策をとることが可能であったのではないかと推察される．

菌床栽培の場合は，原料となるおが粉を非汚染地域から調達し菌床ポットを設置する施設内の除染と汚染対策をとれば，生産されるきのこの放射能汚染を防ぐことができる．それに比べると，広葉樹の生産に対して放射能汚染対策をとるためには，広範囲に汚染された森林全体に対する対策をとる必要があり容易なことではない．あまりに広範に森林環境全体が汚染されているために，農業では可能であった汚染された生産物（森林の場合は主に樹木）の廃棄処分すら行うことができない．さらに，環境全体が汚染されているのでそこで働く人の外部被ばくを管理して安全も確保しなければならない．原発事故後の林業産

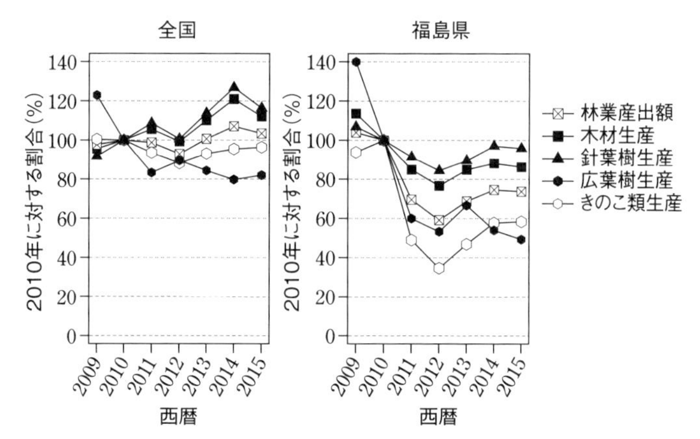

図 3.6　2010 年を基準とする日本全国と福島県の林業生産額の変化（農林水産省統計情報，平成 27 年林業産出額累年統計から作成）

出額推移のデータの向こうに，森林という自然環境下での活動が中心となる林業を再開，再生，復興させるには，解決しなければならない多くの課題が立ちはだかっていることがうかがい知れる．

このように福島原発事故で，林業生産は多大な影響を受けた．そのなかでも，とりわけ甚大かつ深刻な影響を受けたのがきのこ原木生産のための広葉樹林施業である．前述のように，原発事故が起こるまで，福島県はシイタケなどのきのこ栽培用原木の一大優良産地であった．シイタケなどの原木栽培は原木の品質に左右される．福島県の中通りから浜通りにかけて阿武隈山地で生産されるコナラなどのきのこ原木は品質が良いことで知られていた．そのようなきのこ原木の産地は，1970 年代から 30-40 年かけて築かれたものであり，原発事故発生直前の 2010 年には，各都道府県が他県から供給を受ける原木の取扱量は，24 の都県で福島県産が第 1 位を占めていた．これが 2011 年以降は会津地方の一部での原木生産を除いていっせいに停止してしまったのである．福島県内でも一部の低汚染地域では地元の需要に向けて原木生産が細々と続けられたが，多くの地域で本格的な原木の出荷は今も停止している．

2011 年の原発事故発生後の早い時期に，放射能汚染のために福島県からのきのこ原木の供給が完全停止することを避けられないことがはっきりした．原木きのこ生産者らの強い要請により，2011 年 9 月に林野庁はきのこ原木の需給調整会議を開催した．全国からきのこ生産者と原木生産者の代表および行政部局の担当者が東京に集まり，福島県が大口供給していた原木を他の自治体がどのように穴埋めするかについて協議が行われた．放射能汚染により原木が利用できなくなったのは福島県だけではない．周辺の都県でも原木利用の上限の指標とされた放射性セシウム濃度 50 Bq/kg を超える原木林があちこちで見つかっており，きのこ栽培のための原木の確保と供給は，東日本の広範囲で機能不全に陥っていた．2016 年に至るまでこの需給調整は続いており，原発事故が引き金となったきのこ原木生産の大混乱は，事故後 6 年を経た現在もきのこ生産者が望む形で解消するには至っていない．

コナラやクヌギは日本を代表する落葉広葉樹であり，日本全国に分布している．しかし，きのこ原木に利用するには，太すぎても細すぎても使い勝手が悪い．まっすぐで太さが 8-15 cm くらいの原木が最適とされている．福島県の阿武隈山地では広葉樹林を小まめに手入れをして，まっすぐで太さがそろった使い勝手のよい良質な原木が生産されていた．しかし，他の県で天然生のまま放置されていた広葉樹二次林からとれる原木は，曲がっていたり太すぎたりして，きのこ生産者が望む良質の原木をすぐには十分に供給できなかった．原木は 15-20 年くらいの比較的短い伐期で生産が繰り返されるが，それでも 2 年や 3 年の話ではない．また，シイタケ生産に東日本では主にコナラの原木が使われるが，西日本ではクヌギが利用されており，原木の樹種に対する要求も異なっていた．

このような事情により需給調整によって原木全体の量は徐々に確保されるようになったものの，樹種の希望や形質まで満たすことはできず，コナラの原木供給量が依然として不足するというミスマッチの状態が続いている．スギやヒノキなどの針葉樹の建築用材の生産には，収穫するまでに 40-60 年を要する．原木は 10 数年から 20 年の短い期間で利用可能になるとはいえ，継続的な生産体制を一から作り上げるには，最低でも 1 世代 20 年くらいの期間は必要なのである．

筆者がこの 3 年間調査に通っている田村市都路町のふくしま中央森林組合都路事業所管内では，1970 年代から，20 年間を 2 世代 40 年間ほどかけて管内の広葉樹林を順次手入れをして，良質な原木が毎年安定して生産される体制が築き上げられていた．林業という生業はそのくらいにゆっくりとした時間のなかで営まれていく．都路で毎年伐採収穫して更新される面積は 100-150 ha 程度で安定しており，管内には1年生から20年生まで同じくらいの面積の原木林が配置されていた．これを林業用語で法正林という．21世紀に入ってから「持続可能な」というキーワードを耳にすることが一段と多くなっていると思う．持続可能であるべき林業を，実際に，持続可能な状態で経営していくのは並大抵なことではない．森林の齢構成をそのように整えるだけでも何十年の歳月を必要とし，一朝一夕にできることではない．しかし，ここ都路では原発事故前には広葉樹のきのこ原木林が法正林化され，そのように管理されていた．このことをただ記録に留めて過去のものとするのでは，この40年間があまりにもったいない．きのこ原木林だけに頼るのではない，別の形の法正林作りをもう一度目指してみてはいかがだろうか．そのことが放射能に汚染された地域の森林に向き合って今も苦悶する森林組合の元気の源になるのではないかと思う．都路に通いはじめて1年あまりすぎた2015年2月，21世紀の森プロジェクトの委員会で初めてこの思いをお話しした．その後も，森林組合の総代会などの機会にくり返しお伝えしている．

3.3　森林の放射能汚染の厄介さ

福島県の浜通りから中通りのきのこ原木生産の主要産地は，今回の原発事故からの立ち直りにとりわけ重い苦労を強いられている．それは，放射能汚染の程度によるところがまず大きい．それに加えて，生産する林産物が食品生産の原材料に使われていたということが大きく影響している．本節ではそのことを今一度ふり返っておきたい．

3.3.1　食品に関わる林産物とそうでないもの

2011年3月の福島原発事故が発生したのち，原発周辺に暮らす人々には避難指示が出されるとともに，福島県と周辺の自治体では食品の放射性物質の検査体制がすみやかに構築された．流通食品による人への被ばくを防ぐために，原発事故による放射能汚染の恐れがある地域では，生産段階で出荷前の放射能検査が徹底された．厚生労働省は，事故直後の 2011 年 3 月 17 日には，放射性セシウムについては，飲料水と牛乳・乳製品については 200 Bq/kg，その他の食品について 500 Bq/kg の暫定規制値を設定した．1 年後の 2012 年 4 月 1 日からは，飲料水が 10 Bq/kg，牛乳と乳児用食品が 50 Bq/kg，一般食品が 100 Bq/kg という新たな食品の基準値が設定された．森林の林産物である山菜やきのこなどの食品にも 100 Bq/kg の基準値が適用されている．

これをふまえて，林野庁は，林産物のなかでもとくに生産量が多いきのこの放射性セシウム濃度が食品の基準値を超えることがないように，きのこ生産に利用する広葉樹の原木や菌床栽培用のおが粉について放射性セシウムの指標値を設定した．2011 年 10 月には，事故直後から実施された緊急調査に基づいて，原木もおが粉も 150 Bq/kg の当面の指標値が設定された（林野庁 2011）．2012 年 4 月からは，その後の調査結果も加えて，原木の指標値が 50 Bq/kg，おが粉が 200 Bq/kg に設定された（林野庁 2012a）．一方，スギなど針葉樹で建築用材として利用される木材には基準値や指標値は設定されていない．原発周辺の高い汚染地域への立入りは制限されていることから，林業活動の再開が許された範囲から収穫されたもっとも高い放射性セシウム濃度の木材を建築に利用したとしても，その住居から受ける外部被ばくが一般の人に許容される年間の追加被ばく線量より十分に低いと見積もられたことによるものである（林野庁 2012b）．基準値や指標値がないことからくる不安や風評被害を払拭するために，福島県内では製材などの木材加工業界の木材協同組合連合会は，福島県産製材品について自主管理基準を決めて運用した（福島県木材協同組合連合会 2012）．

このように，同じ林産物である木材でも，きのこ原木用の広葉樹は食品の基準値 100 Bq/kg との関係を考慮したきわめて厳しい指標値が設定されることとなったが，スギなどの針葉樹を利用する建築用材などには指標値そのものが設定されず，木材利用の制約に大きな違いが生じることになった．このことにより，同じ程度の放射能汚染を受けた地域で同様に林業を営んでいながら，扱う主要林産物の違いによって林業活動の再開や事業再生の歩みにウサギとカメほどの違いをもたらすこととなった．林産物のうち食べ物である山菜やきのこなどの山の恵みの放射能汚染も，地域の住民の暮らしに影を落としている．

3.3.2　食べられない山の恵み

3.2節で紹介した田村市都路町には旅館が1軒だけある．みやこ旅館といい，宿のご主人吉田幸弘氏は，旅館の3代目で若い頃は東京で板前の修業をして26歳のときに地元に戻られた．宿は都路町古道の中心部に近い国道399号線沿いにある．朝夕は，都路町と川内村を行き来するクルマが旅館の前を通過する．2014年3月に初めて宿泊したときに，宿の2階から下げられた垂れ幕に目が留まった（図3.7a–c）．宿は20 km圏のすぐ外側にあったので，避難指示準備の対象区域とはならなかった．吉田氏は，2011年の原発事故発生後5月に屋内退避が解除されると，町内のガソリンスタンドや自動車修理工場の主人らに続いて真っ先に自宅に帰られ，5月16日には旅館を再開し，住民帰還への思いを垂れ幕にして国道の交差点に面した壁に掲げられた．ときどき垂れ幕を書き換えながら2014年4月の避難指示準備が解除されるまで，地域の住民や国道を通る人々へメッセージの発信を続けられた．写真のキリンはその最後の時期に，ようやく地域の住民の人たちが戻ってこられるようになったことの嬉しさを伝えている．

吉田氏は，原発事故前は，春は山菜採り，夏は高瀬川支流の古道川で渓流釣りをし，秋には山に入ってマツタケ採りを楽しみにされ，収穫があれば宿泊客にふるまわれていたとのことであった．そのマツタケの放射能が気にかかり，事故の翌年から10月にはマツタケ山に入って試しに採取しては放射能を測定されている．2012年が6,036 Bq/kg，翌年以降も，1,991 Bq/kg（2013年），7,350 Bq/kg（2014年），2,562 Bq/kg（2015年），3,005 Bq/kg（2016年）と食品の基準値を大幅に超えている．マツタケのほかにも，ワラビ，コシアブラ，シドケ（モミジガサ）などの山菜，イワナ，ヤマメ，カジカなどの川魚，野生動物のイノシシまで，すべて放射能に汚染され山や川で採っていた自然の恵みはことごとく戴くことができなくなってしまった．これらの野生の林産物は，福島県だけでなく周辺の自治体でもいまだ出荷制限が掛かっている品目が少なくない．原発事故による放射能汚染は，林業という生業を立ち行かなくしただけでなく，地域の文化でもある山の幸を戴く楽しみをも奪ってしまった．

日本では，食品の放射性セシウム濃度の基準値は，厚生労働省が所管する食

(a)

(b)　(c)

図 3.7　国道 399 号線沿いのみやこ旅館に掲げられた垂れ幕．(a) 2011 年 5-8 月，(b) 2011 年 11 月，(c) 2014 年 4-6 月（写真提供：吉田幸弘氏）．

品衛生法で決められている．原発事故による放射能汚染の発生が明らかになるとともに，2011年3月には年間の被ばく線量の上限を5 mSvとして食品中の放射性物質の暫定規制値が500 Bq/kgに定められ，翌年2012年4月からは年間の被ばく線量の上限を1 mSvに下げて，食品の基準値が100 Bq/kgに設定し直されたのは，上述したとおりである．食品流通業界では暫定規制値や基準値が徹底され，なかにはより厳しい自主基準を決めて汚染食品の流通を規制した事業者もあった．そのような関係者の努力により，実際にスーパーマーケットなどの市場に出回っている食品を通じて受ける内部被ばくは，目標として許容される追加被ばく線量の年間1 mSvよりも相当に低いレベルに抑えられた．

厚生労働省は，一般の人が受ける1年間の内部被ばく線量を推定するために，一般のスーパーマーケットで食材を購入して放射能を測定している．2011年9月の第1回調査では，福島県が0.019 mSv，宮城県が0.018 mSvで1 mSvに対して約2% の被ばく量に相当する放射能となったが，それ以降毎年2回の調査ではこの2県を含めて調査対象の15都府県すべてで1% 以下で大半が検出限界未満という結果が続いている（厚生労働省 2016）．陰膳調査と呼ばれる1人1回分の食事を余分に用意し丸ごと混合して放射能を測定する調査でも，同様に，食事を通じて摂取される放射性セシウムは許容される追加被ばく線量より十分に低い結果が得られている（厚生労働省 2013）．国全体のレベルでは，福島原発事故に伴う放射性物質による内部被ばくの管理は，安全側に設定された基準値が効を奏し，食品を通した国民の内部被ばく防護に十分な成果を上げて目標が達成できたといえよう．

このように十分に安全側に決められた基準値や生産者と流通業者の努力により，日本の食品の放射性セシウム濃度はきわめて低く抑えられた．その一方で，100 Bq/kgの基準値を超えた食品を少しでも口にすると健康に良くないかのような，過剰ともいえる受けとめ方が社会全体に拡がっているようにも思われる．原発事故発生直後からしばらくの緊急時被ばく状況下では社会全体が混乱しており，国や自治体からはわかりやすい基準やメッセージを発信することが求められる．放射性物質や放射線防護についての知識の有無に関わりなく，すべての国民がこれを守っていれば被ばくリスクから守られるという運用がなされることが望ましい．それは十分に達成されたように思われるが，福島第一原発に近い汚染程度が高い地域では，森林や渓流で採取されていたほとんどの自然の恵み（野生の林産物）が口にすることができないものになってしまった．食品の基準値が本来の放射線防護の目標を達成するための参考値という役割を超えて，放射線の安全と危険の閾値であるかのように社会に受けとめられていることはないだろうか．

食品衛生法で基準値を決める際に参照された国際放射線防護委員会（ICRP）が勧告した1 mSvというもっとも安全側の目標線量を採用しながら，その考え方については十分に理解が広まっていないように思われる．個人の放射線被ばく量を許容値以下にするために，食品の場合であれば，年齢区分別の摂取量と換算係数，放射性セシウム濃度の限度値，それにその上限濃度の食品を摂取する頻度を仮定して試算し決定する．国の基準値は，どのような状況に置かれた人でも被ばく線量が目標値以下に収まるようにと設定されている．目標値以下の範囲でできるだけ低く抑えるというICRPの考え方の原則に従いながら，今でも比較的高い現存被ばく状況が周囲にある被災地域での被ばく防護の考え方を，国民全体の放射線被ばく防護戦略とは別に決めるという選択肢もあるのではないかと思う．仮にそうする場合には，被ばく量と生活の質や安心という直接比較できないものをあえて天秤にかけて判断することも必要になる．また，そのためには放射線被ばくのリスクについて学び，自分で判断できるようになるまで理解を深める必要がある．避難指示が解除され故郷への帰還を果たした地域で，現在の食品の基準値に従って暮らせば安全は確保されるが，食べ物や行動の範囲には制約が残る．放射線被ばくのリスクと防護について学ぶことで，国が目標とする被ばく防護の基準を守りながら，もう少し自由で裁量のある暮らしを取り戻すことができるのではないかと思う．自らの被ばく量を自分で測定して把握することも，被ばく防護について理解を深めることにつながるにちがいない．放射能汚染の終息は，最終的には時間に解決を委ねるしかない．もしそれまでに要する時間が長いのであれば，放射線のリスクと防護についての学び直しは，被災地域での暮らしをもう少し楽な気持ちにすることにつながるのではないかと思っている．このようなことについても，地域に戻って暮らす住民の方々と対話したいと思う．

3.3.3　放射能汚染の時間距離

福島原発事故で自然環境中に放出された放射性核種のうち，人の被ばくに影響する主な放射性核種はヨウ素 131，セシウム 134，セシウム 137（数字は原子の質量数を表す）の3つである．ヨウ素 131 の半減期は8日である．半減期から計算すると，ヨウ素 131 の放射能は1カ月で 10 分の 1，2カ月で 100 分の 1 に減衰し，数カ月のうちにほとんど検出不能になる．ヨウ素 131 については，人が暮らす居住域では事故当時の被ばく履歴をたどり，ヨウ素 131 を過剰に浴びていないか確認することは重要であるが，事故発生後に森林の伐採などの林内活動が停止されていたのであれば，森林ではヨウ素 131 を考慮する必要はない．森林で考慮しなければならないのは，セシウム 134 と 137 である．

福島第一原発から放出された放射性セシウムには，放射能の半減期が2年のセシウム 134 と半減期が 30 年のセシウム 137 がある．2011 年3月 12 日当時，原発から放出された両者の割合は 1：1 でほぼ同じであった．セシウム 134 の放射能は，7年で 10 分の 1，14 年で 100 分の 1 まで減衰するが，セシウム 137 の方は放射能が 10 分の 1 に減衰するのに 100 年，100 分の 1 にまで弱まるのには 200 年を要する．したがって，事故後6年間でセシウム 134 から発生する放射能の強さは原発事故直後の 13% にまで低下しているが，セシウム 137 の方はまだ 87% の放射能を保っている．森林では，今後はセシウム 137 の動きと人への影響の対策が主な課題となる．

以上のことは，原発事故による放射能汚染に関心を持ってこられた方は，おおかた承知されていることであろう．そのうえで，もう1つ頭に入れておいた方がよいことがある．福島第一原発に近い放射能汚染の中心付近では，汚染の程度が 10 倍単位で変化していることである．

高汚染地域は，福島第一原発のある大熊町，双葉町から北西方向に延びており，浪江町から飯舘村にかけて拡がる（図 3.8）．この北西方向を軸として，そこから離れる方向，すなわち南西あるいは北東方向に向かうと，北西方向の高濃度の帯の中心軸からおよそ 20 km 離れた辺りから 10–30 kBq/m^2 のゾーンが出現する．原発から北西に延びる高濃度汚染の中心部では，3,000 kBq/m^2 を超えており，わずか 20 km の距離の違いで汚染の程度が 100 倍も異なってい

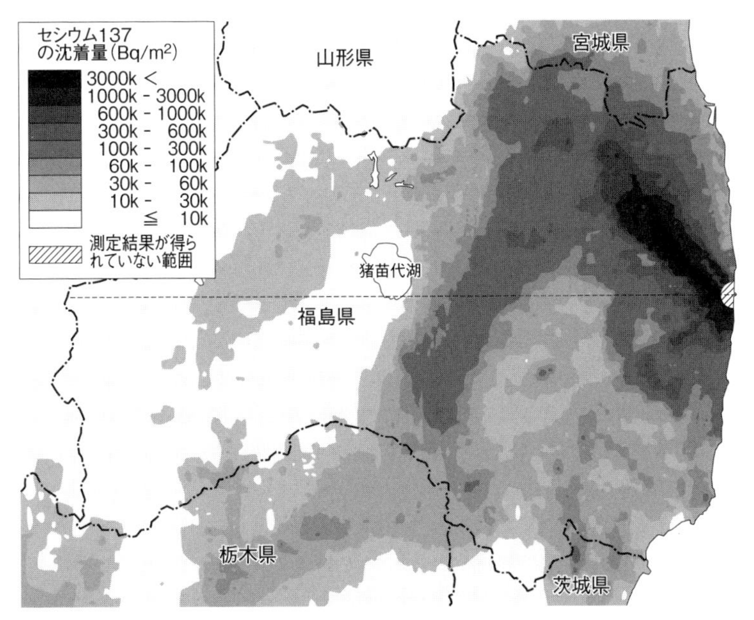

図 3.8　2011 年 11 月 5 日時点の福島県におけるセシウム 137 沈着量分布．図中の点線は図 3.9 を参照（出典：文部科学省による航空機モニタリングデータにより作成された「放射線量等分布マップ拡大サイト／地理院地図」）

る．上に述べたように，セシウム 137 の半減期 30 年を元に計算すれば，100 倍の汚染程度の違いは時間に換算すると 200 年に相当することになる．図 3.9 は，高濃度汚染地域の中心から西方向に離れていったときのセシウム 137 の沈着量の変化を通常の目盛り（上）と対数目盛り（下）のグラフで示したものである．放射能汚染の強さは，10 倍単位で大きく変化する．そのため，下段のように対数目盛りのグラフに表示すると高濃度から低濃度まで広い濃度範囲にわたる変化を読み取りやすい．この対数軸のグラフでは 1 目盛りは 10 倍の違いを表している．セシウム 137 の放射能が 100 分の 1 になるには 200 年かかるので，北西に延びた高濃度汚染域がセシウム 137 の物理減衰だけに従って 20 km 西側の地域と同程度にまで放射能が低下するには，200 年待たなければならないことを意味しているのである．

このようにセシウム 137 は長い期間にわたって放射線を出し続ける．福島原発事故後の調査やウクライナのチェルノブイリ原発事故後の観測から，森林に

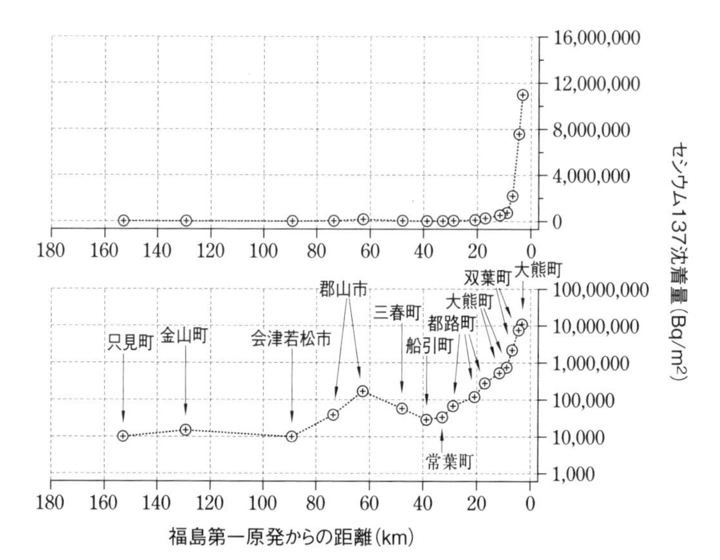

図 3.9　福島第一原発から西方向に向かう直線（図 3.8 参照）上の距離とセシウム 137 沈着量の関係．（上）縦軸を通常目盛り表示，（下）縦軸を対数目盛り表示（「放射線量等分布マップ拡大サイト／地理院地図」の 2011 年 11 月 5 日時点（第 4 次）のセシウム 137 沈着量マップを元に作成）

降下したセシウム 137 の大部分は数年から 10 年程度で土壌最表層に移動し，その後はゆっくりと土壌中を下方に移動していくことが明らかになってきている（IAEA 2006）．土壌には放射線を遮へいする効果があるので，仮に森林から外部への放射性セシウムの流出がなかったとしても，地表の放射能は，200 年よりは早く 100 分の 1 以下に低下すると予想されるが，数十年なのか百数十年なのかはもう少しくわしく調べる必要がある．いずれにしても相当に長い期間を要することは否めない．

このような高汚染地域は，国による避難指示などの区域の指定では現在帰還困難区域とされているところである．地元の自治体は住民がふるさとへ早く帰還できるように除染を行って避難指示の解除を進めようとしているところであるが，地域の森林全体を居住区域や農地と同じように除染することは困難といわざるを得ない．仮に大規模な除染作業を行うとすれば，大量の除染廃棄物を貯蔵する場所を確保しなければならない．そのため，もっとも強く汚染された地域では，住居周辺が除染されれば人は住めるようになるかもしれないが，ことと林業活動については，帰還した地域ですぐさま事故前と同様な活動を再開できるかどうかは見通せない．

これまでの福島県内各地での調査から，樹木の汚染は地域全体のセシウム137の沈着量とおおむね比例していることが明らかになっている（福島県森林計画課 2016）．したがって，原発事故発生時に直接汚染されたきのこ原木やおが粉に利用する広葉樹の放射性セシウム濃度が，商品として利用可能な水準にまですみやかに低下する可能性は低い．針葉樹を建築用材に利用する場合でも，山から伐り出された丸太を柱や板に製材するときには樹皮をはぎ取る．原発事故が起こるまでは，はぎ取られた樹皮はバーク堆肥に加工したり，畜産業の敷料に使われていたが，高濃度に汚染された樹皮が発生するとその処分が事業再開の足かせになる．針葉樹の樹皮は，樹木の成長とともに徐々にはがれ落ちていく可能性もあるが，セシウム137の物理的な自然減衰に比べてどの程度早く樹皮の脱落が進むかについてもいまだ予測ができていない．また，現在帰還困難区域に指定されている地域の森林では，空間線量率の低下にも相当の時間を要すると予想され，2014年から2016年にかけて避難指示が解除された地域に比べれば，林業作業に伴う外部被ばくの水準も高い状態が続くと考えざるを得ない．

3.2節で述べたように，2014年4月1日，田村市都路地区で原発事故後初めて避難指示準備が解除された．この地域は福島県内でも有数のきのこ原木産地であったが，放射能汚染から6年が経過した現在も原木生産再開の見通しは立っていない．都路地区の森林組合はきのこ原木生産を中心としたコナラなどの広葉樹林施業を柱に，地元の人々に里山の暮らしを支える雇用の場を提供していた．避難指示が解除され地域に戻ってはみたものの，山林をすぐさま事故前と同じように生計の糧にすることはできないのが実情である．

そのようなさまざまな困難を克服して林業を再開できる方策がないとは思わない．しかし，汚染された森林の木材を利用しても経済的に成り立つ林業の姿が描けなければ，里山が大部分を占めるこの地域での本格的な帰還は絵に描いた餅になりかねない．例をあげれば，放射性セシウムの汚染材を木質バイオマス発電の燃料材として利用することも考えられる．廃棄物処理の分野では，燃焼に伴う排煙から燃焼灰の処理まで，燃焼に伴う放射性セシウムの拡散を防ぐことは技術的には可能であるといわれている．事故直後には地元の同意が得られずに事業化が見送られた方策も含めて，厳しい制約があるなかで何ができるのか，地域の住民，事業者，自治体，国が1つのテーブルについて，長期的な視野に立って次の一歩について真摯に話し合うことが今まで以上に必要なのではないかと思う．

以上のように，現在帰還困難区域に指定されている地域で居住区域の除染が進み避難指示が解除されたとしても，ふるさとに戻った人たちのなかで生活の糧を林業に頼っていた人々の生業の再開は容易ではない．そのような地域では，現在都路地区の林業関係者が直面している以上の困難を克服する手立てを講じなければならないことを覚悟しておく必要があると思われる．森林と林業の再生，復興には，20 km の距離の間で生じる 200 年という時間距離が，容易ならざる問題として存在していることを念頭におくべきであると考える由縁である．

3.4　これまでの研究でわかったこと，まだよくわからないこと

3.3.3 項でも述べたように，福島原発事故で大気中に放出された主な放射性核種のうち，今後も長く環境中にとどまり社会に与える影響が大きいのは，半減期が 30 年のセシウム 137 である．本節では，まずこれまでの森林内の放射性物質の研究から明らかになったことを概括する．その後，これまで一般の人向けにはあまり報告されていない研究トピックとして，大気圏内核実験由来のセシウム 137 と，自然界にもともと存在する安定同位体セシウムのこと，それに，樹木の根の放射能汚染について述べる．最後に林業の再開や里山の暮らしを取り戻すために，今後研究面から取り組むべき優先課題について考察する．

3.4.1　6年間の研究で明らかになったこと

原発事故後6年間のうちに，森林や木材について多くの調査研究が行われ，放射能汚染の実態が明らかにされてきた．それらが共通して明らかにしてきたことは，森林に降下した放射性セシウムはその多くが森林内に留まっているということである．森林全体としてみれば，水を介して渓流から流出したり，風

によって森林の外に飛ばされる放射性セシウムの量はわずかであり，大部分は森林内に留まっていることが明らかになっている（小林 2014; Iwagami *et al.* 2017 など）．ただし，森林の内部では原発事故発生直後の 2–3 年間は林冠から地表への放射性セシウムの移動が目立ち，その後は，地表の落葉層から土壌表層へと移動し，森林生態系の内部で分布を大きく変化させていることも明らかにされている（林野庁 2017）．

このような森林と林産物をめぐる放射性物質の分布と移動の実態に関する調査研究の結果は，すみやかに公表されてきた．2014 年には森林の放射能汚染全体について，日本学術会議の農学委員会林学分科会が福島原発事故による放射能汚染と森林，林業，木材関連産業への影響について，幅広い分野をカバーして現状と問題点を点検して報告を公表している（農学委員会林学分科会 2014）．最近では，林業再生に向けた課題についても提起されている（高橋 2016）．また，森林総合研究所のホームページには，森林に関する研究の最新情報がまとめて掲載されている（森林総合研究所 森林と放射能）．

筆者なりに，現在までの研究の到達点と展望を次のように概括している．

森林内の物質の現存量とその物理的な動きに伴う放射性セシウムの分布と実態はおおよそ把握された．その結果，森林に降下した放射性セシウムの大部分が森林内に留まっていることが明らかになった．林業生産の再開に直結する樹木やきのこなどの林産物の放射能汚染も現在の汚染実態は把握できたが，10 年後や 20 年後の将来の汚染の予測はまだ不確かな点が多い．そのため，地域に戻った人々は林産物を利用できる先行きが見通せず，きのこ原木林の林業生産者は事業の再開を思い描けないでいる．林産物の汚染は，森林に蓄積している全放射性セシウム量のうちごくわずかの部分が引き起こすものであり，樹木の成長をはじめとする森林内の生理的な生物活動に伴うセシウムの動きである．汚染地域の人々が元の暮らしを取り戻したり，林業活動を再開したりするために，樹木生理の視点から森林生態系内の生物的なセシウムの動きを，その仕組みと移動量の両面からすみやかに明らかにすることが望まれる．

3.4.2　森林は放射性セシウムの放出源か貯留地か

原発事故直後には，現在の居住制限区域や避難指示解除準備区域のみならずその周辺の広い地域において農作物の出荷停止が相次いだ．2011年には，水稲栽培でも食品の基準値を超える地区が発生し，その原因究明や対策が集中的に行われ，水稲のほかほとんどの農作物で有効な対策がとられた．その結果，2012年には広い地域の多くの作目で農作物の生産が再開され出荷も可能になった．このような農作物の生産再開が進む過程で，農地を囲む山林から汚染された落ち葉などが再飛散して隣接する農地を２次汚染するのではないかと懸念された．また，森林から流れ出る渓流水が放射能汚染されていて，渓流水や農業用水に利用すると水稲栽培の汚染源になるのではないかとも心配された．事故後３年間は何らかの避難指示等が出された地域での林業生産活動は完全にストップしており，林業もまた農業と同様に原発事故の被害者なのであるが，農地で農業生産が再開される際には，森林が放射性セシウムの再飛散や渓流からの流出の汚染源として疑われた時期があった．確かに，地表が露出していれば，乾燥が続くと土ぼこりが舞う．また，コナラやクヌギ，クリ，サクラなどの落葉広葉樹の葉は薄くて面積が広いので乾燥すると風で飛ばされやすくなる．落葉広葉樹林では秋に葉を落としたあとの林内は見晴らしが良くなり風が通り抜けやすく，斜面の窪んだところに落ち葉が吹きだまりとなることもある．原発事故直後に森林に降下した放射性セシウムが再び飛散することがないわけではないが，そのような再飛散で移動する放射性セシウムの総量は，ある林分に沈着した放射性セシウムの総量に比べればわずかな量に留まり，空間線量率を変化させる規模のものではない．

林野庁では，再飛散などによる森林内での放射性セシウムの二次移動が林内の空間線量率を変化させるほどの影響を及ぼしているか否かを確かめるために，住居の近くの除染作業が行われた森林で空間線量率をモニタリングした．その結果によれば，除染後に空間線量率が低下したのちに２年から３年を経ても空間線量率は放射性物質の自然減衰による低減の範囲で推移し，再飛散などの２次移動によって空間線量率が変化する様子は認められなかった（林野庁 2016）．原子力機構の観測でも同様の結果が得られている（日本原子力研究開発機構 2015）．

渓流水からの放射性セシウムの流出については，2012年から数年間にわたって，農林水産省技術会議のプロジェクトで集中的な観測が行われている．その結果によれば，大雨のときに濁り水が発生すると，濁水中の懸濁物質に付着して放射性セシウムが流出するが，水に溶解した溶存態での放射性セシウムの流出はほとんど発生していなかった（坪山ら 2016）．これについても原子力機構や大学などが同様の結果を観測している（日本原子力研究開発機構 2015; Iwagami *et al.* 2017）．したがって，平水時の澄んだ渓流水から水田の用水に汚染を心配するほど放射性セシウムが流入する恐れはないことがわかっている．また，大雨のときに懸濁物質とともに流出する放射性セシウムにしても，後背地となる森林流域に沈着している放射性セシウムの全量に比べれば1% よりもかなり少ない．渓流水を通して下流に流出する放射性セシウムの量は限定的なものであることが明らかにされている（小林 2014）．

森林内部の放射性セシウムの動態を中心に事故後6年間を振り返ると，初期の3年間には森林内の放射性セシウムの分布は大きく変化していた．スギなどの常緑の針葉樹林では2011年3月の原発事故発生時に樹木に葉を付けていたために，雨とともに降下した放射能雲（プルーム）中の放射性セシウムは全量の3分の1近くが樹冠の葉を中心に地上の樹木に付着していた．残りの放射性物質のうち半分以上は地表の落葉層に付着しており，落葉層の下の土壌にまで達しているものは全体の4分の1程度であった（林野庁 2017）．一方，コナラなどの落葉広葉樹は2011年3月の事故発生時には落葉したままでまだ新葉が芽吹いていなかった．そのため，2011年の時点から落葉層やその下の土壌への沈着量が多く，樹体に付着した量は全体の6分の1程度であり，地表の落葉層だけで全体の半分程度を占めていた．

このような森林内での放射性セシウムの分布は，2012年から2014年にかけて大きく変化した．森林総合研究所のモニタリング調査地では，地上の樹体に沈着する量の割合が，2015年には全体の2% 程度にまで減少していた．落葉層の沈着量も5分の1から6分の1程度にまで低下し，落葉層下の土壌に多くが移行している．土壌に含まれる粘土鉱物はセシウムを強く吸着し固定する性質があることから，鉱質土壌に到達した放射性セシウムは土壌の表層に長く留まることになる．放射性セシウムが土壌表層に保持されて長く留まることは，チェルノブイリ原発事故による放射能汚染地域での研究や大気圏内核実験による放射能汚染の研究でも明らかにされている（IAEA 2006; Koarashi *et al.*

2016）．したがって，福島原発事故による放射性物質の森林内における分布も，今後は森林内での分布変化が小さくなり，平衡状態へと移っていく時期にあると考えられる．

森林は農地と異なり通常は施肥を行うことはない．根を通して土壌中の養分を吸収して成長し，毎年吸収した養分の一部は落葉を通して土壌に戻し，再び根から吸収して成長するというように，養分を森林生態系内で循環させる自己施肥のシステムの上に成り立っている．先に述べたように，森林内で樹体に分布する放射性セシウムの割合は，5年後に2-3% 程度であったが，10年後あるいは20年後にどのくらいの割合で安定しているのか，そのとき，葉，枝，幹，根における放射性セシウムの分布割合がどのようになるのか確かな見通しを提示することが求められている．

シイタケの原木栽培の生産現場では，生産されるシイタケが確実に100 Bq/kg以下になるように，利用する広葉樹原木が50 Bq/kg以下でもできるだけ低い濃度のものを使うように指導されている．中通りから浜通りにかけての放射能汚染地域では，2011年当時に直接汚染された広葉樹がきのこの原木生産に利用できる見込みがないことを，原木生産者はすでに現実として受けとめている．

では，たとえば，2016年4月に土壌が100万 Bq/m^2 ほどの汚染状態でコナラの原木利用部位が500 Bq/kg（原木利用の放射性セシウム濃度指標値の10倍）であったときに，そのコナラを伐採して新たに萌芽枝を発生させて育てれば20年後には50 Bq/kg以下に放射性セシウム濃度が下がるのであろうか．あるいは，直接汚染されたコナラの利用はあきらめて，新たに苗木を植栽すれば，幹の濃度が50 Bq/kgを下回る利用可能な原木が収穫できるのであろうか．本章の初めに紹介した森林組合の方々から発せられた「今伐採して更新したら，20年後には売れますか？」という問いかけから3年，原発事故発生からは6年を経ているが，まだ明解な答えを返せないでいる．森林で生計を立てている人々には切実な問題である．

原発事故による森林の放射能汚染に対処するために，原発事故発生直後には森林生態系内における放射性セシウムの分布と動きを把握することから始まった．森林の樹木や土壌の現存量と森林内で起こる物質の物理的な移動，たとえば，水や土砂の流出，土壌浸食，落葉，伐採などに伴う放射性セシウムの移動については，事故直後から多くの研究機関によって観測が行われた．従来からさまざまな森林で行われていた森林生態系内の物質の循環に関する研究手法のうち，現存量の調査手法と水，土砂，落葉などの物理的な物の動きを把握する調査手法を汚染地域で実施し，採取した試料の放射能を測定すれば，放射性セシウムの分布蓄積量と移動量を知ることができる．森林生態系内の総蓄積量が明らかにされ，総蓄積量に対する年間の移動量は，0.1% 単位のレベルで相当に小さいことも明らかにされている．

一方，生物的な過程とりわけ樹木の成長に伴う養分吸収や養分の移動，転流による樹体内での放射性セシウムの動きや分布の変化についてはまだ十分に明らかにされていない．現存量測定や物質移動量観測に比べると，測定対象とする量が何桁か小さいうえ，直接観測するためには特殊な機器や高度な技術を必要とすることもあり，事故直後にはそのような研究にまで取り組む余裕がなかったという実情もある．しかし，これらの十分に明らかにできていない課題は，林産物の将来の汚染を予測するためには不可欠な情報であり，被災地域の林業の復興にも直結する関心の高い重要なテーマである．

以下本節では，このような重要な問いに迫る際に有効と思われる研究手法について 2 つ紹介する．1 つは，グローバルフォールアウトと呼ばれる大気圏内核実験由来の放射性セシウムを利用する手法であり，もう 1 つは安定同位体のセシウムを使う手法である．

3.4.3　大気圏内核実験による放射能汚染

福島原発事故が発生する 25 年前の 1986 年 4 月 26 日，旧ソビエト連邦（現在のウクライナ）のチェルノブイリ原子力発電所で原子炉が爆発するという福島原発事故よりもさらに大規模な原発事故が発生した．このとき放出されたセシウム 137 の総量は福島原発事故の数倍に上っている（UNSCEAR 2008; 原子力災害対策本部 2011）．しかし，そのチェルノブイリ原発事故よりもさらに 20-30 年前の 1950-60 年代には，米国，ソ連，フランス，中国などの大国による大気圏内核実験が競って行われ，1980 年までに放出されたセシウム 137 の総量は，チェルノブイリ原発事故のさらに 10 倍程度に及んでいる（UN-

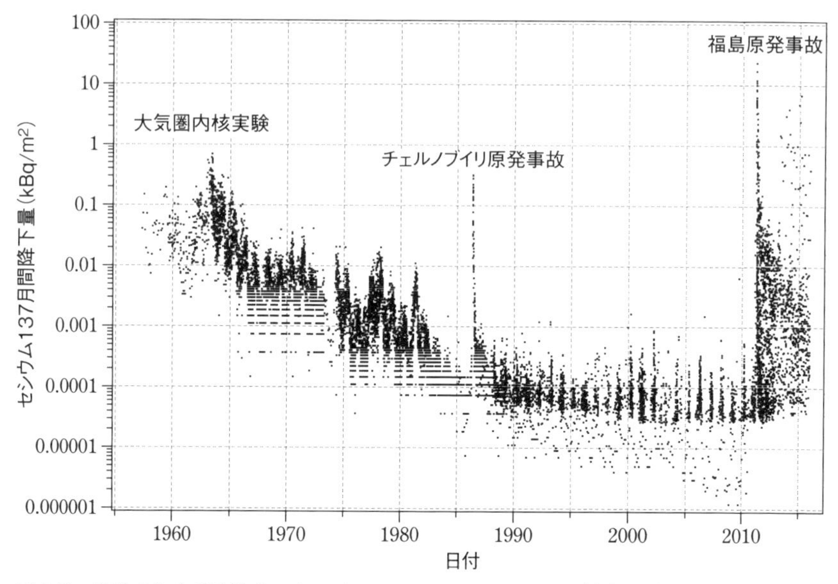

図 3.10　気象庁および自治体によるグローバルフォールアウト（大気圏内核実験由来のセシウム 137）の月間降下量観測データ（原子力規制庁. 環境放射線データベース. http://search.kankyo-hoshano.go.jp/servlet/search.top（2017 年 5 月 14 日閲覧）から作成）

SCEAR 2000）. 大気圏内核実験の場合には，爆風によってセシウム 137 は成層圏にも吹き上げられ，ジェット気流に乗って地球規模で拡散し 1-2 年のうちに徐々に地表に降下する. そのため，セシウム 137 は北半球を中心に世界中に広く薄く降り注ぐことになる. この大気圏内核実験により降下したセシウム 137 はグローバルフォールアウトと呼ばれ，降下量のピークは世界中で 1963 年に観測されている. 1950-60 年代には，日本にも相当な量のセシウム 137 が降下している. その後，大気圏内での核実験禁止条約が発効するとともに降下量は急速に減少している.

図 3.10 は，1950 年代後半から気象研究所や管区気象台で開始されたセシウム 137 の全国の月間降下量観測結果を 2015 年末まで示したものである. 1963 年からは自治体の衛生研究所などでも観測が行われるようになり，チェルノブイリ原発事故発生後の 1990 年代からはすべての都道府県で観測されている. 多数の大気圏内核実験が行われた 1950-70 年頃に幅の広い大きなピークが認め

られ，まとまった量のセシウム 137 が降下している．その影響は農地で玄米と水田土壌，麦と畑土壌の放射能汚染をモニタリングした結果にも表れている（駒村ら 2006）．その後，1986 年に発生したチェルノブイリ原発事故の際の降下量のピークは，国内では 2，3 カ月後には 2 桁以上低下し，2 年程度で事故前のレベルに戻っている．そのため，チェルノブイリ原発事故由来のセシウム 137 の降下量は，国内で観測されたグローバルフォールアウト総量の 1% 未満に留まっている．

以上のような過去数十年の長い時間のなかでみれば，グローバルフォールアウトは，1960 年代前半，すなわち，福島原発事故のおよそ 50 年前にまとまった量の放射性セシウムが日本の森林に降下したとみなすこともできる．筆者は，森林総合研究所や福島大学の共同研究者と協力して，原発事故前に全国で採取された森林土壌を調べて，2008 年 10 月 1 日に減衰補正したセシウム 137 の蓄積量が 1.7 kBq/m^2 であることを明らかにした（Miura *et al.* 2015）．一方，先に述べたように，全国の主要な気象台では，1950 年代後半から毎月セシウム 137 の降下量を観測している．7 カ所の気象台における 1970 年までの降下量の積算値は，1.5-4.0 kBq/m^2（同様に，2008 年 10 月 1 日に減衰補正）であった．50 年後に森林土壌を調査して明らかになったグローバルフォールアウトの残存蓄積量と，核実験が盛んに行われていた時期に直接観測された降下量に大きな違いがなかったことから，森林に降下したセシウム 137 は，50 年を経てもその多くはそのまま森林内に留まっていると考えられた（Miura *et al.* 2015）．それゆえ，おそらく福島原発事故で放出されたセシウム 137 も，地表に降下したその地で森林土壌中に長く留まるであろうと予想される．本節の初めに触れたように，事故後の渓流水の観測では，いずれもこれらと整合的な結果が示されている．

ここに紹介したグローバルフォールアウトは，福島原発事故由来の放射性セシウムが森林から流出するかどうかを予測するための先行事例として参考になるだけではない．林業再開のために関心が高い将来の樹木の放射性セシウム濃度を推定するためにも利用可能である．セシウムは土壌中の粘土鉱物に強く吸着する性質がある．そのために，森林に降下した放射性セシウムは土壌の表層に貯留されて森林外へと流出することなく長く留まっているのである．現在でも，日本国内のどこの森林で調べても，ほとんどの場所で多かれ少なかれグローバルフォールアウト由来のセシウム137が表層土壌から検出される．福島原発事故の影響を受けていない地域で，この50年前から土壌表層に存在する放射性セシウムが樹木にどの程度吸収されているかを調べ，その土壌中の放射性セシウムの存在状態などを調べれば，将来の樹木の汚染予測に役立てることができる．グローバルフォールアウトの分布や樹木中の残存状態や吸収割合を調べることは，50年間の長期実験を行った結果を調べるようなものである．実際に50年間の時間が経過している試料を調べて得られた結果は，福島の50年後を予測するうえではかなり確からしいと考えてよいであろう．

ここで1つ疑問に思われるかもしれないことがある．福島原発事故による放射性セシウムの汚染の程度に比べると，グローバルフォールアウトの汚染は最低水準かそれよりも低いくらいしかない．汚染レベルが数百分の1から数万分の1も低い条件下での結果が，高汚染地域の将来予測にも有効であるかどうかに疑問を感じる人もいるかもしれない．しかし，このことは結果の解釈や予測をするうえで，大きな影響を及ぼすことはないと予想される．その理由を次に述べる．

3.4.4　自然界にもともと存在する安定同位体セシウム

セシウムという元素はアルカリ金属元素に属し，カリウムと似た性質をもつ．カリウムは窒素，リン酸とならぶ植物の主要な必須元素の1つであり，植物の成長部位すなわち細胞が増殖する部位で必要とされる．植物体内でカリウムと似た動きをするセシウムもそのような部位に集積し，新しい葉や枝，新しい根，さらに，樹木の場合は幹の樹皮のすぐ内側にある形成層と呼ばれる部分などがそれにあたる．コナラやスギなどの樹木はもちろん植物一般に共通する生理学的な性質である．セシウムは植物の必須元素ではないが，化学的にはカリウムと似た性質を持つために，いったん植物体内に取り込まれると，カリウムの動きにつられて同様に植物の成長部位へと移動する性質をもつ．そのため，カリウムに伴って樹体内を移動して樹体全体に行きわたると考えられている．

セシウムという元素は，自然界には質量数133の安定同位体セシウムだけが存在し，土壌中には平均5 ppm（5.0×10^{-6}，5の100万分の1）程度存在している（Kabata-Pendias and Alina 2010）．これに比べると，原発事故や核実験で生成する質量数が134と137の放射性セシウムの濃度ははるかに低い．たとえば，100 Bq/kgの放射能をもつセシウム137を含む土壌があったとすると，濃度に換算すると0.03 ppt（3×10^{-14}，3の100兆分の1）に相当し，安定同位体のセシウム133に比べると1億分の1の低い濃度である．1万Bq/kgの比較的高い濃度の土壌であったとしても，なお，100万分の1もの濃度の違いがある．福島原発事故で放出されたセシウム134と137による放射能汚染の影響は甚大なものがあったが，かなり汚染の高い地域においても濃度にするとそれほど低いので，土壌中に存在する安定同位体のセシウム133全体の化学反応に影響を及ぼすことはないと考えられる．言い換えれば，ある森林生態系における樹木による土壌からのセシウム全体の吸収量は，福島原発事故の発生前後でほとんど変化していないと考えられる．

では，汚染地域の樹木は実際にどれだけ土壌中のセシウム134や137を吸収するのであろうか．今後，詳細な調査と化学分析を行って慎重な検討が必要ではあるが，全体としては，事故前に平衡状態に達していた土壌—樹木間の安定同位体セシウムの吸収割合が維持され，そのうち放射性セシウムが占める割合は，セシウム133とセシウム137の土壌中での存在割合に比例した量に落ち着くのではないかと予想している．

ただし，ここで1つ注意を要することがある．根を通して樹木に吸収されるセシウムは，土壌中で水に溶けてイオンの状態で存在しているものである．そのため，土壌中のセシウム133あるいはセシウム137のうち，粘土鉱物に吸着されて固相に存在するものと土壌溶液中にイオンとして存在するものの割合が放射性セシウムの吸収特性に影響する．この割合を分配係数（K_d）といい，土壌の種類によっても異なる．安定同位体のセシウム133を利用した森林生態系内のセシウム動態の解析を行う際に，この分配係数が，事故前から土壌中に存在するセシウム133と原発事故により大気中から降下して付加されたセシウム137とで異なるのかどうかにも注意を払う必要がある．放射性のセシウム137の森林生態系内での動きが平衡状態に達すれば，その分配係数は安定同位体のセシウム133の分配係数とほぼ同じになるであろうと推定されるが，どのくらいの時間を要するかはまだよくわかっていない．

セシウムという元素の土壌中での動きについて専門的な話に入り込んでしまったが，ここでお伝えしたかったのは，福島の放射能汚染の将来を見通すために，今回の福島原発事故で放出された放射性セシウムを追跡しモニタリングする以外にも，50年前のグローバルフォールアウトやもともと自然界に存在している安定同位体セシウムを調べるのも有力な手法になるということである．これまで6年間は原発事故で放出された放射性セシウムをモニタリングし，調査分析することで手一杯であった面がある．実際のところ，事故直後の初期数年の間に，森林生態系内の放射性セシウムの分布は劇的といってよいほど大きく変化している．その最新の動態を追跡調査し変動をモニタリングすることは，森林の放射能汚染の全貌を把握するうえで欠くことのできない重要な課題でもあった．しかし，放射性セシウムをモニタリングするだけでは復興に向けて地域や林業が必要としている10年，20年単位の時間変化について確かな見通しを得るのは難しい．ここに紹介したような手法も取り入れて，被災地からの問いに答えられるよう，今後は優先度の高い研究テーマに集中して取り組む必要があると考えている．

3.4.5　樹木の根にも放射性セシウムが回っていること

もう1点，樹木の根の汚染状態についても触れておきたい．すでに本節の前半で触れたように，森林総合研究所は，事故半年後から数年間にわたって，森林生態系内の放射性セシウムの分布割合について毎年モニタリング調査を行い，葉，枝，樹皮，辺材，心材，落葉層，土壌などの部位別に森林に降下した放射性セシウムの分布とゆくえについて明らかにしてきた（林野庁 2017）．ただし，森林総合研究所の調査では樹木の根の汚染については調査されていなかった．

筆者は東京大学の共同研究者らとともに，2014年の3月から4月にかけて，3.2節で紹介した田村市都路町の森林組合でお借りしたコナラのきのこ原木林で調査を行うことにした．切り株から萌芽更新させる原木林では，伐採したあとに残る根株に蓄えられた養分が翌年芽を出す萌芽枝を成長させる原資となる．そのため，事故当時土壌に埋もれていて直接汚染されていないはずの，地下部の根の汚染状況が気にかかっていた．なぜなら，きのこ原木林ではコナラやクヌギの原木を収穫したのちに，切り株から出てきた萌芽枝を育てて，20年後に再び収穫する原木を育てているからである．そこで，コナラの萌芽株調査を行うにあたって，地上部の枝や幹だけでなく地下部の根系もすべて掘り出して，根の汚染状況を調べることにした．

高さ 8-12 m の大中小のコナラ 3 株を選んで，まず，地上部を伐倒し，一年生の枝，6 m より高い位置の枝，高さ 4 m，2 m，0.5 m で採取した幹の樹皮と材の濃度をそれぞれ測定した．続いて，重機で根株を丸ごと掘り出して，直径 2 mm 以下の細根，2-10 mm の中根，10 mm 以上の大根，さらに，切り株の根元の中心部分の材を別に採取してそれぞれの濃度と重量を測定した．放射性セシウムが直接沈着した地上部では樹皮の濃度が際立って高かった．その点を除けば，残りの部位は，地上部でも地下部でも一年生の枝や細根のようにサイズが小さい部位ほど濃度が高く，太くなるにつれて濃度が低くなる傾向が認められた．樹木の中で一番濃度が低かったのは，切り株の中心部分であった．

この試験林分で根の調査を行ったのは 2014 年の春であり，原発事故からすでに丸 3 年が経過していた．放射性セシウムは，この時点で地下部の根系の隅々にまで拡がっていたのである．根系は地上部の樹皮のように直接放射性セシウムを浴びてはいない．そのため，根から検出された放射性セシウムは，根を通して土壌から吸収されたか，樹皮に沈着したのち樹液を介して樹体内を移動して巡ってきたかのいずれかとなる．土壌の放射性セシウム濃度は 0-5 cm より深い位置では急激に濃度が低くなり，深さ 20 cm 以下では，0-5 cm の土壌の 1,000 分の 1 程度の濃度であった．土壌の汚染は最表層に留まっていることが確かめられた．それに比べると，細根や中根の濃度は，深さ 50 cm よりも深いところで採取したものでも 0-10 cm 層の根の数分の 1 程度の放射性セシウム濃度を示していた．土壌の深いところには放射性セシウムはほとんど存在していないので，根に含まれる放射性セシウム濃度が周囲の土壌から吸収した放射性セシウムの濃度によって決まるとすると，両者の大きな違いが説明できない．おそらく地上部，地下部を問わず，樹体内の成長部位にカリウムが移動する際に放射性セシウムも移動転流しているのではないかと考えている．セシウムはいったん樹体の形成層に到達して師管や導管内に取り込まれてしまえば，樹液の動きに伴って思いのほか速く樹体内を巡っている可能性が考えられる．今となっては直接確かめることはできないが，2011 年 3 月に，地上部の樹冠や樹皮が直接汚染されてからあまり時間が経たないうちに形成層に移動し，樹体内の枝の先から根の先まで全体に回っていたのではないかと推察している．

本節で述べたように，樹木の成長に伴う生物的な放射性セシウムの動きについてはいまだ十分に解明されていない．チェルノブイリ原発事故後の森林生態系の放射能汚染に関する研究において，将来の放射能汚染を予測するためのモデルがいくつも開発されており（IAEA 2002），福島原発事故による将来の樹木の汚染を予測するモデルも公表されている（Hashimoto *et al.* 2013; Mahara *et al.* 2014）．しかし，樹木内部でのセシウムの生理的な生物過程がていねいに組み込まれたモデルはなく，樹体内に吸収されたり転流したりするセシウムのわずかな量の動きについての解明は進んでいない．

2013年12月に，はじめて都路を訪ねたたときの森林組合の幹部の方々からの問いかけは，実に本質を突いていたと思う．汚染された被災地域で苦闘しておられる生産者の方が一番知りたいのは，次の収穫期に売り物になるものは何があるかということである．科学的には，ある時間が経過したときの林産物の放射性セシウム濃度の予測ということになる．発想を切り替えてこの部分に集中して取り組むことで，組合長からの問いに自信をもって答えられるようにならなければと思う．

3.5　この事態にどう対処するか――地域に人が帰還し，再び暮らしを営めるように

3.5.1　農地と森林の違い

森林の放射能汚染への対処には，農地の場合と大きく異なるところがある．誤解を恐れずにいえば，森林環境全体の放射能の低下は，待つしかないということである．セシウム137は物理的に壊変し，半減期である30年をかけて徐々に放射能が弱まり強さが半分になる．森林の放射能汚染対策では，そのような自然減衰の推移を待つよりほかないという側面が強い．時間のおおまかな目安は，3.3.3項でも述べたように，その場所の汚染程度に依存する．短かければ数年，長ければ，数十年から百年を超える．住居などの近隣や農地のよう

に地表の放射性セシウムが溜まっているところをはぎ取って除去する方法や，反転耕をして放射性セシウムが集積している表層部分をひっくり返して放射性セシウムをほとんど含まない下層土と入れ替えることにより，下層土を放射線の遮へい体として利用する方法が使えないわけではない．しかし，このような土木的な手法を急峻で複雑な地形の日本の森林で大規模に行うのは現実的ではない．

また住居周辺や農地から取り除かれた汚染物質だけでも，その中間貯蔵や最終処分に苦労している状況下で，耕地の6倍以上の面積がある森林からさらに除染物質を受け入れることには大きな困難を伴う．森林の場合，落葉層と土壌のほかに，樹木表面の樹皮に今でも高濃度の放射性セシウムが付着している．これも含めればその体積はさらに膨れあがる．伐採した樹木は，スギなどの針葉樹の木材は利用できるかもしれないが，広葉樹はきのこの生産に利用する目途は立っておらずチップにするしかない．

このように，急峻な地形や除染廃棄物の処分のことを考えただけでも難題であり，住居や農地と同様な除染対策を森林で行うのは現実的な選択肢とはいいがたい．3.4節でも述べたように，1年間に森林から流出する放射性セシウムの量は，森林内の総蓄積量の0.1%単位のレベルに留まり，森林は現実には放射性セシウムの貯留地として機能していることを理解し，そのうえで対処するほかない．

この「貯留地」という言葉は，森林が放射性物質を森林内に留めて下流に流出させない，森林に放射性セシウムが長く留まるということだけでなく，林業に関わる者はその森林の放射能汚染の問題に長くつき合っていかなければならない，ということも含意している．

福島の原発事故では国の研究機関や大学は事故後すみやかに調査に動き出して実態を把握し，その情報をすみやかに公表してきた．行政や市民が放射能汚染の影響についての理解を深め，対策を検討するうえで多大な貢献をした．その一方で，汚染された森林に向き合い，森林を再生し林業生産を再開しようとする森林組合などの林業関係者の声に耳を傾けると，このような科学的知見の提供だけでは解決できない多くの課題が立ちはだかっていることに気づく．原発事故から6年が経過した現在，放射能汚染に関わる研究者には，これまで以上に，地域の住民，森林所有者，林業関係者らとの対話を深め，放射能汚染地域の再生に向けて一歩二歩と踏み出すために何が必要なのかに思いを巡らし，今後の研究を進めていくことが求められている．

被災地では，原発事故前までのやり方で生業を再開することが困難な場合も多い．地域に戻った住民や林業生産者にはそれぞれの思いがあり，研究者にも原発事故発生後に得た放射能汚染への対処や対策についての各自の見方や処方箋がある．しかし，両者は互いに相手の現場のごく一部について理解しているにすぎない．対話を通して，それぞれの取り巻く環境や置かれた状況について想像を巡らし意見を交わすことで，見過ごしていたことに気がついて，次の一歩を見出せる可能性が高まる．

事故直後の緊急時被ばく状況下での混乱期から，混乱が落ち着いて現存被ばく状況のもとでの復旧期に移行している現在こそ，そのような対話を重ねることが森林と林業における問題解決の糸口を見つける手立てとして有効ではないかと思う．これを通して，被災地の現場がその逆境をばねにこれまで先送りしていた地域の森林の課題に改めて向き合う機会ととらえて前を向くことができればと思う．

3.5.2　原発事故への備え

都路町で森林の放射能汚染の研究に携わりながら，いざ原発事故が起きたときの備えは十分であったのか，今も備えは足りているのかと思うことがしばしばあった．

日本には，放射線に関係する行政組織としては，現在，独立行政組織として原子力委員会と環境省の外局として原子力規制委員会がある．また，福島の原発事故以前には，経済産業省の外局として原子力安全・保安院が設置されていた．これらの設置目的や果たしてきた役割を考えると，基本的には国の施策として原子力利用を積極的に推進していくことを前提にそのための安全確保を図るという位置付けであったと考えられる．これまでの原子力行政のなかで，福島原発事故のような大規模で過酷な放射能汚染事故が起こり得ることを前提として，国民を放射線による被害や障害から防護するための専門的な行政組織は設置されることはなかった．それは今も同じである．今後も国内で原発の利用を長期にわたって続けるのであれば，万が一に備えて放射線防護庁を設置しておくべきではないだろうか．大量の放射性物質が事故で放出される事態が起こり得るという立場に立てば，そのような事故に備えて放射線による被害から国民を守ることを第1の任務とする行政組織が不可欠ではないかと思う．それは，原発の安全性を確保する組織とは別物である．いざ事故が起こったときの対処を主たる任務とし，内部被ばくと外部被ばくを総合的にとらえて，食品の基準値や除染の指針の決定にも関わり，特定分野の規制に留まることなく国民の放射線による被ばくの管理を行う．放射線事故発生後は被災者が元の平穏な暮らしを取り戻す手助けをするための組織である．そのような行政組織があれば，現在の福島において放射能汚染からの回復と復興を進めていくうえでも重要な役割を果たすのではないかと思う．

研究を通して，森林の放射能汚染の実態や今後の変動予測を明らかにすることは，すべての関係者が次の行動を考えるうえで不可欠な情報となる．しかし，それがおおよそわかってきたのちに，それらの情報を活用して住民や生産者，消費者が，実際の次の行動へと移るためには，研究で得られた知見を公表し共有するだけでは足りないと思う．放射線防護の立場から，それらの情報の活用の仕方について考え方を深める手助けが必要であり，それが社会にまだ十分行きわたっていないように思う．そのような視点から役に立つと思われるのがICRPによるNo. 111報告とその解説本である（ICRP 2009; ICRP111解説書編集委員会 2015）．

本章の前半部分（3.3.1項）でも，食品による内部被ばくを管理するための考え方として紹介した．避難指示されたり自主的に避難したりされた方は，さまざまなことを天秤にかけて悩んだうえで故郷に帰還するのかどこかに移住するのか決めなければならない．森林の林産物で生計を立てる事業者も，汚染された森林を工夫して利用し続けるのか事業を根本的に転換するのか決断しなければならない．ICRP111とその解説本には，そのような選択が迫られた際に放射線の健康影響とリスクにどう向き合えばいいのか，基本的な考え方と行動の原理が解説されている．空間線量率や食品の放射能の基準は，その一線を越えるとリスクが格段に高まるというものではない．参考レベルを参照しながら目標を決めて被ばく量を管理し，達成可能になったらその参考レベルを介入不要

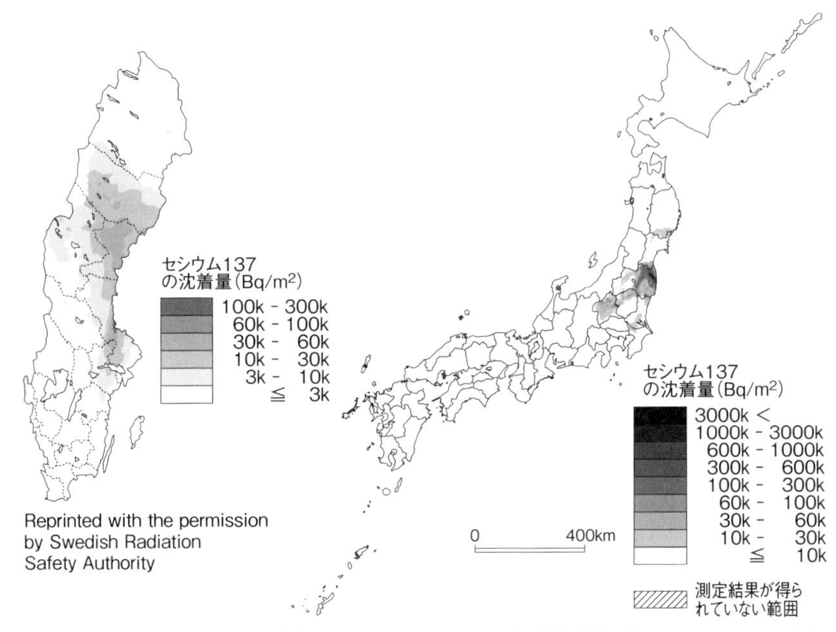

図3.11　チェルノブイリ原発事故によるスウェーデンの放射能汚染（左，スウェーデン放射線防護庁作成の1986年時点のセシウム137沈着量マップを，許可を得て一部改変）と福島原発事故による日本の放射能汚染（右，放射線量等分布マップ拡大サイト/地理院地図，2011年11月5日のセシウム137沈着量マップを白黒に修正）の比較（(Tanoi *et al.* 2016）を一部改変）

とされるレベル（ICRPの勧告では年間1 mSv）まで下げていく，そのような単純に割り切ることができないリスクを相手にして，自分の決定に納得し，他の人の決断も受け入れられるような助けになるものだと思う．

北欧のスウェーデンには放射線防護庁がある．スウェーデンは1986年のチェルノブイリ原発事故の際に，世界で最初に放射能汚染の発生を検出し通報した国である．チェルノブイリ原発事故では，国土の3割もの面積が放射性セシウムで汚染され（図3.11），当時の国民は大きな混乱に陥り，その後の回復に多大な労苦を強いられた．当時，スウェーデンは世界で初めての大規模な環境の放射能汚染に直面し，各機関は手探りの苦労をしながら克服に取り組んだ．その経験をふまえて，事故発生から11年後の1997年から，防衛研究所が中心となって，農業庁，スウェーデン農科大学，食品庁，放射線防護庁の協力のもとで，「どのように放射能汚染から食料を守るか」(1997-2000 年) というプロジェクトが行われ，その成果をとりまとめたのが邦訳『スウェーデンは放射能汚染からどう社会を守っているのか』(スウェーデン防衛研究所 2011) という報告書である．スウェーデンでは，福島原発事故による帰還困難区域のような居住が禁止される高汚染地域はほとんど発生しなかったが，低濃度の汚染面積は日本よりも広い面積に及んだ．そのため国の食料生産に大きな支障が発生し，その対策に苦労した．トナカイやヘラジカなどの大型の野生動物の肉や野生のきのこやイチゴ類を多食する国の食料生産基盤が大きく損傷し，事故直後は福島と同様に大きな混乱を経験し，一度決めた食品の基準値を上げるなどの対応もしながら対処した．そのような経験を点検，検証し，万が一もう一度そのような過酷な事態が発生した場合に，いかに対処するかを検討し整理したものがこの報告書である．日本では，原発が再稼働し，今後も再稼働を増やして原発による電力も国の主要なエネルギー源として利用する方針が決まっている．人為災害も含めて日本のあるいは世界のどこでいつ起こるともしれない 3 番目の過酷な原発事故があり得ることを前提に，それに備えておくことは今回の事故を経験した世代として将来の世代に対する責務であろう．とりわけ根本的な対策をとることが困難な森林の放射能汚染の対策については，ぜひとも備えが必要ではないかと思う．

原発事故による森林環境の放射線汚染も他の災いと同様に，その渦中に身を置いてみなければ本当の困難さは実感できない．多くの人は，自分が経験したことのないことは想像することもできない．放射能汚染の問題では，汚染程度の低いところから徐々に生活が元に戻り，より強く汚染された地域ほど制約が長く続き，周囲の回復が進むにつれて忘れられがちになり，高汚染地域の人々は取り残された気持ちになり焦りやあきらめの気持ちが募る．その悪循環を断つには，今後の汚染の見通しを明らかにすることが何にも増して必要なのだと思う．先行きのみえない状態に置かれたまま手探りを続けることほどつらいことはない．スタート地点に立つことさえ許されないような思いに囚われるのではないかと思う．2013 年 12 月に，都路で永沼組合長が，「ダメならダメでもかまわないので，今目の前にある立木や萌芽株が次の収穫期に売り物になるかどうか教えてほしい」と尋ねられたのは，やむにやまれぬ気持ちであったのだと思う.

3.6　福島の森林，林業の再生と研究者

福島県は2011年3月に「福島県再生可能エネルギー推進ビジョン」を策定していた．その後，東北地方太平洋沖地震とそれに続く福島原発事故による情勢の変化をふまえて，ビジョンを見直し2012年3月に改訂版が公表された(福島県 2012)．2040年までに，県内のエネルギー需要を100%再生可能エネルギーで賄おうとするものである．

福島県は，原発はもうこりごりだと思ったということであろう．負の経験を新たな希望へとつなげようとするビジョンなのだと筆者は受けとめた．福島県以外の人たちのなかには，同じ出来事を遠くから眺めていてそこまでは思わなかった人も少なくなかったので，今でも地域における原発の稼働再開や原発に依存したエネルギー政策の存続を望む人もいるということなのだろう．

原発の利用は日本だけの問題ではない．炉心の数のトップ5はアメリカ，フランス，日本，ロシア，中国である．韓国は第6位につけ，中国は現在でも積極的に原発の増設を推進している．世界的にみれば今も炉心の増加が計画されている．チェルノブイリほどの過酷な原発事故を人類として経験しながら，25年後には再び福島で過酷な原発事故が発生した．さらなる次の過酷な原発事故は起こらないという保証はどこにもない．原発事故が発生して思いもよらない事態となったときに，「想定外」といってすますにはあまりに影響が大きい．そして，福島で原発事故を経験した日本では，もはや「想定外」ということは許されない．これを想定し，備えるには多大な費用と時間がかかる．その際に避難や被ばく防止の手順はもちろんのこと，汚染地域に暮らしていた人々が生業を再開して暮らしを取り戻すまでの事故後の行程も想定し備えておくべきであろう．汚染の程度と拡がり次第であるが，住民が避難しなければならないような地域では，仮に森林の機能が大きく損なわれることがないにしても，原発事故発生前のように森林が利用可能になるには，何世代かの年月を経なければならない．社会を支える基盤として原子力発電のエネルギーを利用するか否かを社会全体で決めることに異議はない．原発事故の発生は望まないが，原発を

稼働するのであれば，次にまた事故が起こることを前提に社会全体が備えておくべきであると思う．

森林で今も続く想定を超えるような放射能汚染の事故が起きたときにも生業を継続し，すみやかに暮らしを取り戻して社会を維持するために，どこまでコストを掛けられるかバランスを見極めるのは難しい．しかし，今も汚染地域の里山に暮らす人々や汚染された森林で生計をどう立て直すかに苦労されている森林組合をはじめとする林業関係者の方々を思うにつけ，並大抵のことではその代償が得られたという気持ちにはなれないのではないかと思う．それが筆者にはこりごりだというように感じられた．

今回の原発事故により，里山に暮らし山林で生計を立てる人々は大きな打撃を受けた．しかし，森林の多面的な機能の多くは失われたわけではないことも忘れないでおきたい．内閣府のアンケートでは，日本国民が森林に寄せる期待のなかで災害防止や水源かん養の機能はこの 30 年ほどの間，つねに上位に位置している（内閣府政府広報室 2011）．そのような森林の機能は放射能汚染とともに失われたわけではない．地球温暖化防止や大気の浄化，木材生産の機能もしかりである．人が森林に入って活動することから得られる保健休養や環境教育，また，きのこ，山菜などの食用にする林産物利用は大きく制限された．残念ながらそれらのすべてをすぐに元に戻すことはできないが，時間が経過し放射能が減衰するとともに，徐々にそれらの機能も回復することもまた間違いない．

生まれ育った地域の森林は今そこで暮らす人のためだけにあるのではなく，自分の子孫やさらにその先の世代から預かる公共財でもある．森林のすべての機能を何の気兼ねもなく享受できるようになるまでにこの先何年要するかは，3.3.3 項で述べたように汚染の程度による．汚染のレベルが時間を決める．環境に拡散した放射性物質について，人の手で支配し管理できることには限りがある．しかし，だからといってそれまで森林を放置しておくのでは，将来の世代に対する責任が果たせない．やり方を工夫して森林の手入れをし，放射能のレベルが下がったときに将来の世代が使えるようにしておくのは，国や自治体の責任でもあるが，そこに暮らす人々の地域や自然への思い次第でもあると思う．これを支援するのに，行政施策だけでも，地域の住民や林業事業体による自助努力だけでも，はたまた研究開発だけでも立ちゆかない．放射能汚染された森林と林業の復興に向けた10年間の後半の5年間は，これまで以上に，さまざまなレベルの利害関係者が集まって知恵を絞って対話を深めることが最大の推進力になるのではないかと思う．

筆者が2013年以降通っている都路の森林組合は，事故発生後5年を過ぎる頃から，ようやく本来の林業をどう再構築するか前向きに考えられるようになってこられたように思う．失われたものが大きければ大きいほど森林の恵みが身に沁み，地域の里山の暮らしとともに林業が成り立ってきていたことを感じておられるようである．原発事故発生後の初期の混乱が落ち着いた今，研究が放射能汚染地域の再生に貢献できる最大のことは，将来の汚染の状況について確かな見通しを提供することではないだろうか．研究者にできることは限られているが，科学の信頼を取り戻せるよう里山に暮らす人々に寄り添っていきたい．

参考文献

福島県．2012．福島県再生可能エネルギー推進ビジョン（改訂版）．https://www.pref.fukushima.lg.jp/download/1/re_zenpen.pdf（2016年12月4日閲覧）．

福島県木材協同組合連合会．2012．放射能安全性の自主基準．http://www.fmokuren.jp/publics/index/24/（2015年1月5日閲覧）．

福島県森林計画課．2016．森林における放射性物質の状況と今後の予測について．https://www.pref.fukushima.lg.jp/uploaded/attachment/172389.pdf（2016年12月4日閲覧）．

原子力災害対策本部．2011．原子力安全に関するIAEA閣僚会議に対する日本国政府の報告書――東京電力福島原子力発電所の事故について．日本国政府．

Hashimoto, S., Matsuura, T., Nanko, K., Linkov, I., Shaw, G. and Kaneko, S. 2013. Predicted spatio-temporal dynamics of radiocesium deposited onto forests following the Fukushima nuclear accident. *Sci. Rep.,* 3, 2564. doi: 10.1038/srep02564.

IAEA. 2002. Modelling the Migration and Accumulation of Radionuclides in Forest Ecosystems. Report of the Forest Working Group of the Biosphere Modelling and Assessment (BIOMASS) Programme, Theme 3.

IAEA. 2006. Environmental consequences of the Chernobyl accident and their remediation: twenty years of experience/Report of the Chernobyl Forum Expert Group 'Environment'.

ICRP. 2009. Application of the Commission's Recommendations to the Protection of People Living in Long-term Contaminated Areas After a Nuclear Accident or a Radiation Emergency. ICRP Publication 111. Ann. ICRP 39(3).

ICRP111 解説書編集委員会．2015．『語りあうための ICRP111――ふるさとの暮らしと放射線防護』日本アイソトープ協会，丸善出版．
Iwagami, S., Onda, Y., Tsujimura, M. and Abe, Y. 2017. Contribution of radioactive 137Cs discharge by suspended sediment, coarse organic matter, and dissolved fraction from a headwater catchment in Fukushima after the Fukushima Dai-ichi Nuclear Power Plant accident. *Journal of Environmental Radioactivity,* 166: 466-474. doi: 10.1016/j. jenvrad. 2016.07.025.
Kabata-Pendias and Alina. 2010. *Trace Elements in Soils and Plants.* 4th ed., CRC Press.
小林政広．2014．森林における放射性 Cs の動態．土壌の物理性，126: 31-36.
Koarashi, J., Atarashi-Andoh, M., Amano, H. and Matsunaga, T. 2016. Vertical distributions of global fallout 137Cs and 14C in a Japanese forest soil profile and their implications for the fate and migration processes of Fukushima-derived 137Cs. *Journal of Radioanalytical and Nuclear Chemistry,* 311: 473-481. doi: 10. 1007/s10967-016-4938-7
駒村美佐子，津村昭人，山口紀子，藤原英司，木方展治，小平潔．2006．わが国の米，小麦および土壌における 90Sr と 137Cs 濃度の長期モニタリングと変動解析．農業環境技術研究所報告，24: 1-21.
厚生労働省．2013．食品から受ける放射線量の調査結果（平成 25 年 3 月陰膳調査分）．http://www.mhlw.go.jp/stf/houdou/0000028844.html（2017 年 4 月 22 日閲覧）．
厚生労働省．2016．食品中の放射性セシウムから受ける放射線量の調査結果（平成 28 年 2-3 月調査分）．http://www.mhlw.go.jp/stf/houdou/0000145613.html（2017 年 4 月 22 日閲覧）．
Mahara, Y., Ohta, T., Ogawa, H. and Kumata, A. 2014. Atmospheric Direct Uptake and Long-term Fate of Radiocesium in Trees after the Fukushima Nuclear Accident. *Sci. Rep.,* 4, 7121. doi: 10.1038/srep07121.
Miura, S., Aoyama, M., Ito, E., Shichi, K., Takata, D., Masaya, M., Sekiya, N., Kobayashi, N., Takano, N., Kaneko, S., Tanoi, K., and Nakanishi, T. 2015. Towards prediction of redistribution of fallout radiocesium on forested area discharged from Fukushima Nuclear Power Plant. EGU General Assembly 2015, held 12-17 April, 2015 in Vienna, Austria. id. 8989.
内閣府政府広報室．2011．森林と生活に関する世論調査．http://survey.gov-online.go.jp/h23/h23-sinrin/index.html（2016 年 9 月 25 日閲覧）．
日本原子力研究開発機構．2015．環境動態研究で得られた知見．https://fukushima.jaea.go.jp/QA/ftrace/ftrace_title.html（2017 年 4 月 22 日閲覧）．
農学委員会林学分科会．2014．福島原発事故による放射能汚染と森林，林業，木材関連産業への影響――現状及び問題点．日本学術会議．
林野庁．2011．きのこ原木及び菌床用培地の当面の指標値の設定について．http://www.rinya.maff.go.jp/j/press/tokuyou/111006.html（2015 年 1 月 5 日閲覧）．
林野庁．2012a．きのこ原木及び菌床用培地の当面の指標値の改正について．http://www.rinya.maff.go.jp/j/press/tokuyou/120328_2.html（2015 年 1 月 5 日閲覧）．
林野庁．2012b．木材で囲まれた居室を想定した場合の試算結果．http://www.rinya.maff.go.jp/j/press/mokusan/pdf/120809_1-02.pdf（2015 年 1 月 5 日閲覧）．
林野庁．2016．Q & A 森林・林業と放射性物質の現状と今後．http://www.rinya.maff.go.jp/j/kaihatu/jyosen/houshasei_Q-A.html（2016 年 12 月 20 日閲覧）．
林野庁．2017．平成 28 年度森林内における放射性物質の分布状況調査結果について．http://www.rinya.maff.go.jp/j/kaihatu/jyosen/H28_jittaihaaku_kekka.html（2017 年 3 月 27 日閲

覧).
森林総合研究所．森林と放射能．https://www.ffpri.affrc.go.jp/rad/index.html (2016 年 12 月 20 日閲覧).
スウェーデン防衛研究所．2011．『スウェーデンは放射能汚染からどう社会を守っているのか』高見幸子，佐藤吉宗訳．合同出版．
高橋正通．2016．原発事故後の林業再生に向けた課題．森林文化協会，森林環境 2016: 39–49．
Tanoi, T., Miura, S., Forssell-Aronsson, E. and Bradshaw, C. 2016. Sweden-Japan Radioecology Workshop for Students, 2015, Graduate School of Agricultural and Life Sciences, The University of Tokyo.
坪山良夫，玉井幸治，野口正二，池田重人．2016．林地から流出する放射性セシウムの動態モニタリング．農林水産技術会議事務局，農地等の放射性物質の除去・低減技術の開発（プロジェクト研究成果シリーズ)，553: 46–52．
UNSCEAR. 2000. UNSCEAR 2000, Report Vol. 1 SOURCES AND EFFECTS OF IONIZING RADIATION, Annex C: Exposures from man-made sources of radiation.
UNSCEAR. 2008. UNSCEAR 2008, Report Vol. 2 SOURCES AND EFFECTS OF IONIZING RADIATION, Annex D: Health effects due to radiation from the Chernobyl accident. United Nations Scientific Committee on the Effects of Atomic Radiation.

第4章　畜産
——放射性核種の消失調査と開発

眞鍋　昇

4.1　暫定規制値の見直し

2011年3月11日に発生した東北地方太平洋沖地震による地震動と津波の影響により，東京電力株式会社福島第一原子力発電所（以下，福島第一原発）で炉心溶融など一連の放射性核種の放出を伴う事故（以下，原発事故）が発生した．同日，内閣総理大臣は，原子力災害対策特別措置法に基づいて原子力緊急事態宣言を発出した．この事故は，国際原子力事象評価尺度で最悪のレベル7に分類される深刻なもので，炉内燃料のほぼ全量が溶解していると考えられている．2011年3月17日には，原子力緊急事態宣言に対応して，厚生労働省医薬食品局食品安全部長が，人間の飲料水や食品を対象とした「放射能汚染された食品の取り扱いについて」を通知し，食品衛生法の暫定規制値を定めた．汚染の検査にあたっては，「緊急時における食品の放射能測定マニュアルの送付について」（2002年5月9日）を参照して実施することとされた．これらを受けて，農林水産省（以下，農水省）は，農畜水産物の放射性核種による食品汚染を防止するための措置を講じるために「原子力発電所事故を踏まえた家畜の飼養管理について」（2011年3月19日）を通知した．すなわち，家畜に放射性物質で汚染した生の牧草，乾燥した牧草（乾草），発酵した牧草（サイレージ），藁類（麦藁や稲藁）などの飼料を与えないこと，空気中から落下してきた放射性物質で汚染した飲用水を与えないこと，舎外で家畜を飼養すると草，土，水

表4.1　食品中の放射性核種の新基準値（食品衛生法の規定に基づく基準値）

食品群	放射性セシウム（セシウム134と137の合計）(Bq/kg)
飲料水	10以下
牛乳	50以下
乳児用食品	50以下
一般食品	100以下

規制対象の核種：原発事故で放出された核種のうち半減期が1年以上の核種全体（セシウム134と137，ストロンチウム90，プルトニウム238，プルトニウム239，プルトニウム240，プルトニウム242，ルテニウム106，アメリシウム241，キュリウム242，キュリウム243，キュリウム244）であるが，半減期が短くてすでに検出が報告されていない放射性ヨウ素と大規模な放出が生じていないウランは含まれていない．なお，放射性セシウム（セシウム134と137）以外の核種については，測定に時間がかかるため，放射性セシウムとの比率を算出し，合計して1 mSvを超えないように放射性セシウムの基準値が設定された．

などから放射性物質を摂取する可能性があるので畜舎内で飼育することなどの注意を喚起した．次いで，実際に生産者が牧草などの粗飼料（牛，山羊，羊などの反芻家畜の反芻胃の機能を維持するために欠かせない生牧草，乾草，サイレージ，稲類などの飼料）の生産や飼料の給与などを行う際に，暫定規制値を超えない牛乳や牛肉などの畜産物を生産できるようにするために「原子力発電所事故を踏まえた粗飼料中の放射性核種の暫定許容値の設定等について」(2011年4月14日）を通知した．

しかしながら，2011年10月31日と11月24日に開催された薬事・食品衛生審議会食品衛生分科会放射性物質対策部会などにおいてさまざまな角度から食品衛生法の暫定規制値が見直された．その結果，人間の飲料水や食品に含まれる放射性セシウムのレベルが大幅に改訂され，2012年4月1日から食品中の放射性核種の新基準値が適用されることとなった（表4.1)．この改訂に対応するために2012年2月3日と3月23日に，農水省の担当官は，家畜の飼料，家畜の寝床として畜舎の床に敷かれた麦藁や稲藁（敷料)，これらの生産や作物の生産に関わる堆肥などの肥料における放射性セシウムの許容値を改訂した(表4.2)．

原発事故の直後に慌ただしく設定された家畜の飼養管理に関わる多くの暫定許容値は，それまでの海外における知見を基に設定された．しかし，日本における家畜の飼養管理の実態を必ずしも反映して設定したものではなかった．そこで，筆者らを含む日本の諸大学や国立研究開発法人農業・食品産業技術総合

表 4.2 飼料などの農業資材中の放射性核種の暫定許容値

農業資材群	放射性セシウム（セシウム 134 と 137 の合計）(Bq/kg)
牛（乳用・肉用）用飼料	100 以下
馬（肉用）用飼料	100 以下
豚（肉用）用飼料	80 以下
鶏（卵用・肉用）用飼料	160 以下
養殖魚（肉用）用飼料	40 以下
肥料	400 以下
土壌改良資材	400 以下
培土	400 以下
家畜敷料	400 以下

研究機構，独立行政法人家畜改良センターなどの国公立の研究機関などの畜産領域の研究に関わる者たちが，日本の飼養管理の実態に即した条件下で家畜を用いた実証的試験を多面的に行って，飼料，飲料水や環境中に含まれている原発事故に起因する放射性核種が，どのようにして，どの程度家畜に移行し，それらが人間の食品である畜産物に含まれることになるのか調べてきている．このような活動の多くはいまだ道半ばである．本章で紹介する事例のいずれも中間報告的なもので不完全なものであるが，実証的に得られた成績を報告することで，原発事故からの畜産業の復興に少しでも貢献できればと願って筆をとった．

4.2 牛乳の汚染変化を調べる――クリーン・フィーディングの効用（その 1）

東北圏から関東圏にわたる広範囲の農耕地が，原発事故に起因する放射性セシウムなどの各種の放射性核種によって汚染し，そこで生産される牧草や藁類などの飼料が汚染した．2010 年当時の日本における牧草の生産は，山形県が全国で 1 位，岩手県が 3 位，栃木県が 7 位，福島県が 9 位であった．日本では約 150 万頭の乳牛が飼養され，年間約 800 万トンの牛乳が生産されていた．このうちの約 350 万トンはバターやチーズなどに加工され，その多くは北海道で生産されていた．残りの約 450 万トンが生乳として飲料用に供されていたが，その多くを生産していたのは原発事故の被害を被った東北圏と関東圏であった

（事故前の日本における牛乳の生産は，栃木県が2位，群馬県が3位，千葉県が4位であった）．このように，東北圏と関東圏は，北海道と並ぶ牛乳の主要な生産基地であり，酪農業は地域の重要な産業であったが，その多くが，原発事故によって失われた．

豚や鶏などの雑食性の家畜や家禽の飼料は，主にトウモロコシなどの穀類である．日本では，飼料用穀物の9割以上を輸入に頼っているので，原発事故による被害は比較的軽度であった．しかし，安定した牛乳生産のためには穀類も欠かせないものの，草食性の反芻動物である乳牛の飼養には毎日多量の牧草を給与することが欠かせない．このような乳牛の飼養におよぼす原発事故の被害は，今も深刻であり続けている．穀物と異なって，かさ高い牧草やその加工品を海外から運搬するには多額の輸送費がかかり，すべてを輸入品に置き換え続けることは困難である．

原発事故の直後には，暫定規制値（牛乳の放射性セシウムは200 Bq/kg以下とされていた）を超過する放射性セシウムを含む原乳が検出された．その後，超過する牛乳はなくなったものの，汚染飼料からどの程度の放射性セシウムがどのような動態で牛乳に移行するのか確認しておくことは重要である．そこで，比較的軽度ではあったものの，原発事故に起因する放射性核種被爆を経験した東京大学大学院農学生命科学研究科附属牧場（以下，東大牧場とよぶ．福島第一原発から南西に直線距離で約130 km離れた茨城県笠間市に位置する）の圃場で事故の前年2010年の秋に播種した後，通常の方法で耕作していたが，原発事故に起因する放射性核種で汚染してしまった牧草（イタリアンライグラス）から調製したヘイレージ（汚染飼料）（図4.1）を乳牛に与え，牛乳中への放射性核種の移行を調べた．引き続いて，原発事故に起因する放射性核種を含まない飼料（清浄飼料）に切り替えた場合の牛乳中からの放射性核種の消失（一般に，クリーン・フィーディングとよばれる）について調べた．

農水省の指示による茨城県の通達に従って，原発事故の約1カ月後の2011年4月20日から，東大牧場では供試牛（泌乳中のホルスタイン・フリージアン種の雌牛）を屋外で放牧することを停止し，牛舎内で飼養し続けていた．加えて，舎内飼養を開始してから供試牛には，原発事故前年2010年の春から夏にかけて収穫していたために放射性核種で汚染していなかった牧草を発酵させた

種蒔(前年の10月)　　刈取(5月)

乾燥　　巻取　　フィルム包装

図 4.1　ヘイレージの生産方法
東大牧場の圃場に原発事故前年の 2010 年 10 月に播種した一年生草本牧草（イタリアンライグラス）を 2011 年 5 月 12 日から 17 日にかけて刈り取り，数日間乾燥させた後，プラスチックフィルムで梱包して嫌気性発酵させてヘイレージを調製した．

ヘイレージと TMR[1]（JA 東日本くみあい飼料製造）を重量比 1：2 となるように混合した清浄な飼料のみを給与していた．この TMR の原材料は，穀類 45%（トウモロコシ），糟糠類 29%（コーングルテンフィード，フスマ，トウモロコシジスチラーズグレインソリュブル，米糠など），植物性油粕類 21%（大豆油粕，菜種油粕，加糖加熱処理大豆油粕など），その他 5%（炭酸カルシウム，糖蜜，アルファルファミール，食塩，酵母など）である．TMR の成分は粗蛋白質（純粋な蛋白質の他にアミノ酸，アミン，核酸などを含む）が約 16%，粗脂肪（乾燥飼料からエーテル抽出可能なトリアシルグリセロール，ろう，脂溶性色素やビタミンなどを含む）が約 2.5%，粗繊維が約 10%，粗灰分が約 10% であり，その他にカルシウム約 0.8% とリン約 0.5% が含まれ，可消化養分の総量は 72% 以上である．

1)　TMR: total mixed ration. 乳牛が要求するすべての飼料成分を適正に配合した混合飼料．原子力発電所の事故に起因する放射性核種を含まない海外から輸入された粗飼料と濃厚飼料（畜産の近代化に伴ってあみ出された穀物を主成分とする蛋白質や澱粉を多く含む飼料）などの各種成分を混合したもの．

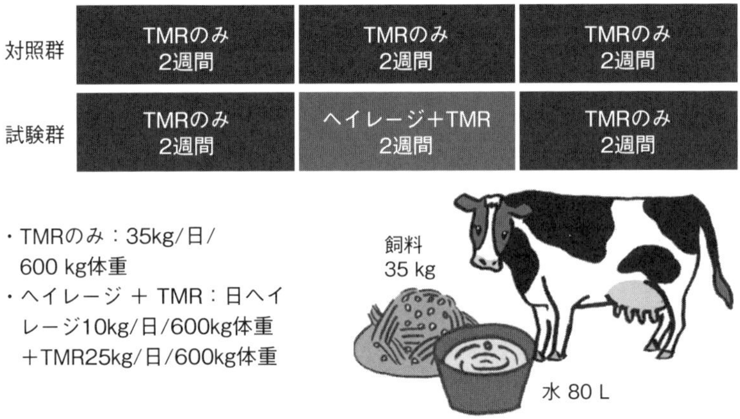

対照群	TMRのみ 2週間	TMRのみ 2週間	TMRのみ 2週間
試験群	TMRのみ 2週間	ヘイレージ+TMR 2週間	TMRのみ 2週間

・TMRのみ：35kg/日/600 kg体重
・ヘイレージ + TMR：日ヘイレージ10kg/日/600kg体重+TMR25kg/日/600kg体重

飼料
35 kg
水 80 L

図 4.2　乳牛の試験のスケジュール

試験を開始する直前（2011 年 5 月 30 日）に供試牛を対照群と試験群の 2 群に分けた（このときの供試牛の体重は，対照群が 636 ± 18 kg，試験群が 593 ± 23 kg であり，各々の搾乳開始からの経過日数は各々 140 ± 28 日および 108 ± 31 日であった．これらの両群間の差は，一般に乳牛を供して実験する場合の誤差の範囲内である）．あらかじめすべての供試牛に TMR のみを 1 日あたり 35 kg/600 kg 体重の割合で 2 週間給与しておき，その後，対照群には同様に TMR のみを 35 kg/日/600 kg 体重の割合で 2 週間，試験群には原発事故に起因する放射性核種を含むヘイレージと TMR とを重量比 1：2 となるように混合した飼料（汚染飼料）を 35 kg/日/600 kg 体重の割合で 2 週間給与した（図 4.2）．その後，ふたたびすべての供試牛に清浄な TMR のみを 35 kg/日/600 kg 体重の割合で 2 週間給与した．なお，試験期間中を通じて両群の乳牛には牧場敷地内の地下 60 m まで掘り抜いた井戸の水（この飲用水には，原発事故に起因する放射性核種が含まれていないことをあらかじめ確認した）を自動給水器を介して自由給水した．

試験期間中，午前（8 時から 9 時）と午後（16 時から 17 時）に 2 回給餌し，そのたびに原発事故に起因する放射性核種を含む汚染飼料と含まない清浄飼料とに分けて飼料摂取量（摂餌量）を量った．この朝夕 2 回の給餌直後に搾乳した（図 4.3）．搾乳時，個体別に泌乳量を測定するとともに，健康状態（食欲，

図 4.3　乳牛の試験の状況
試験期間中，朝夕 2 回給餌した後に搾乳し，泌乳量と牛乳中の放射性セシウム濃度を測定した．

活動状況，体温，糞便の量，固さと色，尿の量と色など）を診断し，記録した．試験開始時（0 週），開始 2 週後および 4 週後の時点で，午前の飼料給与前に体重を測定し，その後採血し，自動分析装置を用いて血液学的検査および血液生化学的検査を行った．このように乳牛を飼養しながら定期的に牛乳，飼料，飲用水を採材し，各々の試料をゲルマニウム半導体検出器[2]で測定し，ガンマ線スペクトロメトリー法[3]により核種を同定した．セシウム 134 は 604.7 keV のピークを，セシウム 137 は 661.6 keV のピークを定量に用いて，各々のカウント値を校正して放射線量（Bq）を算出した．放射性核種の濃度は，各々の試料の重量を元に算出した．なお，検出下限はバックグラウンドの標準偏差の 3 倍とした．

試験期間中を通じて両群間で体重，摂餌量，泌乳量（朝夕 2 回搾乳した乳量

2）　ガンマ線の数をカウントすることで放射性核種を定量できるが，アルファ線やベータ線しか出さない放射性核種の測定はできない．
3）　放射性物質の種類によって放出されるガンマ線のエネルギー（eV）が異なるので，ガンマ線のエネルギーごとの計数値を測定することでガンマ線を出す放射性核種の種類ごとの濃度がわかる．

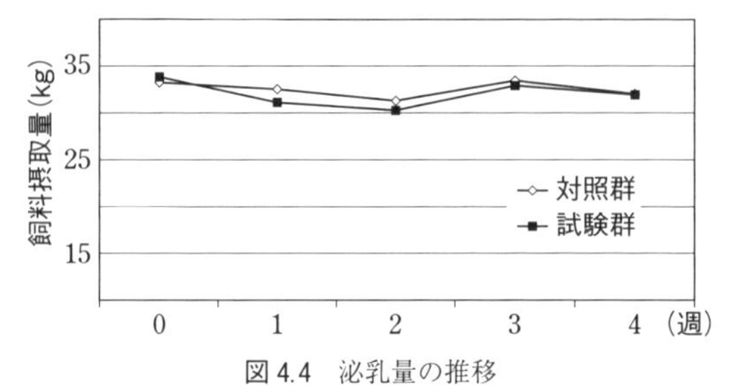

図 4.4　泌乳量の推移

朝夕2回の搾乳量を合わせて1日あたりの泌乳量とした．各点は，泌乳量の平均値を示す．

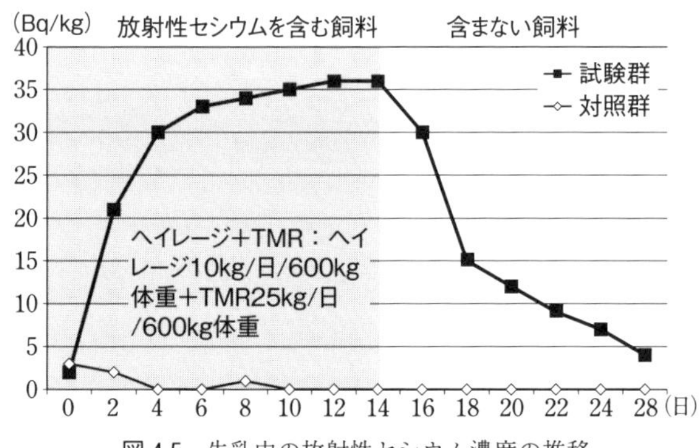

図 4.5　牛乳中の放射性セシウム濃度の推移

牛乳中の放射性セシウム濃度は，セシウム134とセシウム137をまとめたものとして求めた．各点は平均値を示す．

を合わせて1日あたりの泌乳量とした)，健康状態，血液学的検査，血液生化学的検査のいずれのパラメターにおいても有意な差異は認められなかった（図4.4）．乳牛に給与したヘイレージに含まれる原発事故に起因する放射性核種は，ヨウ素131は検出下限以下，セシウム134とセシウム137は各々600と650 Bq/kgであった．なお，このヘイレージを調製するために用いた刈り取り直後のフレッシュなイタリアンライグラスに含まれる原発事故に起因する放射性核種は，ヨウ素131は検出下限以下，セシウム134とセシウム137は各々54と55 Bq/kgであった．

牛乳に含まれる原発事故に起因する放射性核種の濃度は，ヨウ素131は検出下限以下であった．牛乳中の放射性セシウムについては，セシウム134とセシ

図 4.6　飼料に含まれる放射性セシウム総量の移行

ウム 137 をまとめて示した（図 4.5）．牛乳中の放射性セシウムの濃度は，原発事故に起因する放射性セシウムを含むヘイレージの供給を開始してから 12 日後には平衡状態（36 Bq/kg）に達した．飼料を原発事故に起因する放射性セシウムを含まない TMR に切り替えると，切り替え後の 1 週間は 3.61 Bq/kg/日，1-2 週間後には 0.69 Bq/kg/日の割合ですみやかに減少し（2 週間を平均すると 2.05 Bq/kg/日），14 日後には対照群と同等レベルにまで低下した．すなわち，原発事故に起因する放射性セシウムを 417 Bq/kg 含む飼料[4)]を泌乳中の乳牛に 35 kg/日/600 kg 体重の割合で 2 週間給与しても牛乳中の濃度は，国の暫定規制値（200 Bq/kg）あるいは新基準値（50 Bq/kg）を下回った．

なお，牛乳中の放射性セシウムレベルが最高であった 12 日から 14 日後の時点で，給与されたヘイレージに含まれる放射性セシウムは 12,600 Bq/日/600 kg 体重であり，牛乳中に移行した放射性セシウムの総量は 720 Bq/日/600 kg 体重であった（図 4.6）．つまり飼料に含まれる放射性セシウム総量の約 5.7% が牛乳中に移行したことになる．このときの飼料中の放射性セシウムの牛乳中への移行係数 Fm（日/L）[5)]は，0.0029 日/L であった．

1986 年に旧ソビエト社会主義連邦のチェルノブイリ原子力発電所で起こっ

4)　上述のように，この試験を実施していた 2011 年 5 月から 7 月当時の暫定許容量は 300 Bq/kg であったが，現在はより低い新許容値の 100 Bq/kg に改訂されている．

5)　Fm：乳汁中の放射性セシウムの濃度（Bq/L）/日に摂食した飼料中の放射性セシウム総量（Bq/日）と定義されている．

た事故に起因する放射性セシウムで汚染したヘイレージを事故後約1カ月間乳牛に与え続けた場合，牛乳中のFm値は，試験開始初日が約0.0010日/Lであったものが，6日後には約0.0050日/Lにまで上昇し，その後平衡状態に達したと報告されている（Johnson *et al.* 1988; Voigt *et al.* 1989; Vreman *et al.* 1989; Belli *et al.* 1993; Fabbri *et al.* 1994; Beresford *et al.* 2000; Gastberger *et al.* 2001; Robertson *et al.* 2003）．日本の他の機関で行われた試験結果では乳牛における放射性セシウムの移行係数は0.0027日/Lから0.0064日/Lであったことが報告されている（橋本ら 2011; 高橋ら 2012; 眞鍋 2012b; 眞鍋ら 2012a, 2013a; Manabe *et al.* 2013c; Manabe *et al.* 2016b）．

しかしながら，上述の2011年4月14日に農水省消費・安全局から発出された「原子力発電所事故を踏まえた粗飼料中の放射性核種の暫定許容値の設定等について」において暫定許容値を算定するために用いられた移行係数は，それまで日本における知見がなかったために，国際原子力機関（International Atomic Energy Agency: IAEA）がとりまとめている数値（放射性セシウムは0.0046日/Lなどが報告されている）を用いた（IAEA 2005, 2009, 2010; ICRP 2009; MAFF 1995, 2011）．

私たちが，本試験を実施するために先だって行った予備的試験では，原発事故に起因する放射性セシウムで汚染されたヘイレージを5日間給与して移行係数を試算したが，その値は0.00096日/Lであった（眞鍋ら 2013a）．しかし，日本において一般的な飼養管理下で実施した本試験における移行係数（0.00286日/L）は，チェルノブイリ付近で得られた移行係数（0.0050日/L）や国が暫定規制値（牛乳の放射性セシウムは200 Bq/kg以下，肉や卵などにおいては500 Bq/kg以下）の算出に用いたIAEAの移行係数（0.0046日/L）よりも低いことがわかった．本試験によって，飼料に含まれている原発事故に起因する放射性セシウムは，すみやかに乳牛に吸収され，血液中を通って乳腺上皮細胞に至り，それが産生・分泌する牛乳中に移行することがわかった．その後，原発事故に起因する放射性セシウムを含まない飼料に切り換えると，牛乳中の放射性セシウムはすみやかに減少すること，すなわち，安全な牛乳生産のためにクリーン・フィーディングが有効であることが確認できた．

日本では，主に乳幼児や学童が毎日摂るので高度な安全が求められる牛乳を生産するためには，原発事故に起因する放射性セシウムを乳牛が経口的に摂取しない飼養法が肝要である．原発事故から4年以上経過しても，トウモロコシなどの穀類を主とする濃厚飼料（日本全体として原料の約90%を輸入している．2015年）だけではなくて牧草などの粗飼料の多くも輸入（日本全体として約25%を輸入しているが，放射性核種汚染した地域ではほぼ全量を輸入原料に依存している．2015年）に頼っている．

しかしながら，今後長期間にわたって安全な牛乳を安定して生産するためには，国内で生産する粗飼料を活用することは避けて通れない．今後，国産牛乳の安全性を担保するためには，飼料から乳牛の体内に取り込まれた原発事故に起因する放射性セシウムのうちで牛乳中に分泌されなかった90%以上の体内動態を明らかにすることが大きな課題として残されている．体内に取り込まれた放射性セシウムは，尿，汗，胆汁，糞などを介してすみやかに排出されるのか，もしすみやかに排泄されずに乳牛の体内に蓄積しているのであれば，どの臓器にどの程度，どれほどの期間蓄積しているのかなどの体内動態を明らかにしなくてはならない．

さらに乳牛においては，牛乳中にセシウムが分泌される分子機構も解明されなくてはならない．カリウムのように一定の濃度に保たれる機構が備わっているのか，もし備わっているのなら，それの調節の分子機構に関する知見が乏しいので，明らかにしなくてはならない．多くの哺乳類では，血液中と同様に，乳中のミネラルを含むさまざまな成分の濃度は，一定の範囲に厳密に調節・維持されている．たとえば必須ミネラルの1つであるカリウムの乳中濃度はおおむね1.5 mg/gに，ナトリウムの濃度は0.4 mg/gに，カルシウムの濃度は1.1 mg/gに，マグネシウムの濃度は0.1 mg/gに保たれている．これまで一般にセシウムの生物体における動態は，カリウムの動態に比較的似ていると考えられてきている．もしも，乳中への分泌動態についてもカリウムと類似しているならば，ある濃度以上に乳中の放射性セシウムが高まらない可能性がある．このようなことを含めて，さまざまな基盤となる研究が畜産業を復興するためだけでなく，広く国民の健康を守り，その向上をはかるためにも今後ますます必要とされている．

4.3　食肉の汚染変化を調べる——クリーン・フィーディングの効用（その2）

4.3.1　馬におけるクリーン・フィーディング

原発事故後の2011年7月に牛肉から暫定規制値（食肉の放射性セシウムは500 Bq/kg以下）を超える放射性セシウムが検出された．原発事故後に収集された稲藁に放射性セシウムが含まれており，これを牛に給与したことが原因である．国は，ただちに汚染稲藁の流通や使用などの実態を調査するとともに，牛肉の出荷制限などの対策をとった．その結果，放射性セシウムで汚染された稲藁が飼料として日本国内の広い範囲にわたって流通していることが判明した．この事件は牛肉の価格を一挙に暴落させ，出荷制限によって全国の畜産農家の経営は悪化し，影響は全国に広がった．この事件は，さまざまな事態を想定して実証的研究を行って準備を怠らないことの必要性と，いったん放射性セシウムに汚染された食品が市場に流通してしまった場合の影響の大きさを多くの関係者に認識させることとなった．

さらに，原発事故によって，関東圏や東北圏の広範囲で草食家畜のための粗飼料が放射性セシウムなどの放射性核種で汚染され，事故翌年の2012年11月になってからでさえ福島県食肉流通センター（福島県郡山市）で処理された馬の食肉から，新基準値（食肉の放射性セシウムは100 Bq/kg以下）を超える放射性セシウム（115.6 Bq/kg）が検出された．このようなさまざまな事件がきっかけとして，食肉生産においてもクリーン・フィーディングが効用的なのか否かを確認する必要性が高まった．

牛乳の汚染試験で用いたものと同じ原発事故の発生直後の2011年春に東大牧場で生産した汚染飼料を馬に給与し，その後，清浄飼料に切り替えて給与した場合の放射性セシウムの動態を調べ，食肉における「クリーン・フィーディング」の効果を検証した．すなわち，2013年春に中央競馬会から供与されたサラブレッド種馬6頭を東大牧場の個別飼養馬房内で飼養し，あらかじめ清浄飼料を4週間以上給与しておいた．供試馬が健康であることを臨床獣医学的に診断した後，2013年6月上旬から汚染飼料のみを8週間給与した．その後，

図 4.7　馬の試験のスケジュール
試験開始前に供試馬に清浄ヘイレージのみを 10 kg/日/400 kg 体重（4,800 Bq/日/400 kg 体重）の割合で 6 週間給与して馴致させた後，汚染ヘイレージを 10 kg/日/400 kg 体重の割合で 8 週間給与した．その後，清浄ヘイレージに切り替えてから 4，8 および 16 週間飼養した．

図 4.8　馬の試験の状況
試験期間中，朝夕 2 回給餌するとともに健康状況などを診断した．

清浄飼料に切り替えて，4，8 および 16 週間継続して飼養した（図 4.7，図 4.8）．この清浄飼料を給与するクリーン・フィーディングの期間中，経時的に局部麻酔下に生体の臓器の一部を採取するバイオプシー法にて骨格筋標本を採材した

図 4.9　汚染飼料を給与した後
清浄飼料を給与するクリーン・フィーディングの期間中，経時的にバイオプシー法にて骨格筋標本の採材を行った際の様子.

(図 4.9). また，安楽死処置後に骨格筋（大腿四頭筋と大腰筋)，肝臓，腎臓，脾臓，生殖器（精巣あるいは卵巣）を摘出し，これらの臓器と血液，尿などに含まれる放射性セシウムを 4.2 節と同様に測定した.

供試馬に放射性セシウムで汚染したヘイレージ（480 Bq/kg）を 1 日あたり 10 kg（4,800 Bq/日/400 kg 体重を給与したこととなる）を 8 週間給与すると，骨格筋の放射性セシウムレベルは 80-150 Bq/kg に高まった（表 4.3). その後，清浄飼料に切り替えてから 4 週間後の時点では，1 頭だけの骨格筋で 30 Bq/kg の放射性セシウムが検出されたが，他の 5 頭では検出限界値以下となり，8 週間後には全頭で検出限界値以下となった. また，安楽死処置後に採材した骨格筋（大腿四頭筋と大腰筋)，肝臓，腎臓，脾臓，生殖器（精巣あるいは卵巣)，血液，尿などにおいて放射性セシウムは検出限界値以下であった.

馬の場合，飼料の新許容値（100 Bq/kg）の 5 倍近い高レベルの汚染飼料（約 500 Bq/kg）を 8 週間給与して骨格筋中のレベルが 100 Bq/kg 前後に高まったとしても，清浄飼料を 8 週間給与し続ければ，骨格筋を含むさまざまな臓器の放射性セシウムレベルは検出限界値以下に低下することが実証され，食肉

表 4.3 馬における飼料に起因する放射性セシウム濃度の推移．放射性セシウム濃度は，セシウム 134 とセシウム 137 をまとめたものとして求め，平均値を示した（N.D.：不検出）．

供試馬	非汚染飼料	汚染飼料			非汚染飼料			
	4 週	0 週	4 週	8 週	2 週	4 週	8 週	16 週
1				筋肉：119 Bq/kg		筋肉：N.D.		
	血液：N.D.	血液：N.D.	血液：N.D.	血液：N.D.	血液：N.D.	血液：N.D.		
	糞：N.D.	糞：N.D.	糞：95 Bq/kg	糞：239 Bq/kg	糞：N.D.	糞：N.D.		
2				筋肉：130 Bq/kg		筋肉：N.D.		
	血液：N.D.	血液：N.D.	血液：N.D.	血液：N.D.	血液：N.D.	血液：N.D.		
	糞：N.D.	糞：N.D.	糞：116 Bq/kg	糞：248 Bq/kg	糞：N.D.	糞：N.D.		
3				筋肉：151 Bq/kg		筋肉：30 Bq/kg	筋肉：N.D.	
	血液：N.D.	血液：N.D.	血液：N.D.	血液：N.D.	血液：N.D.	血液：N.D.	血液：N.D.	
	糞：N.D.	糞：N.D.	糞：115 Bq/kg	糞：234 Bq/kg	糞：N.D.	糞：N.D.	糞：N.D.	
4				筋肉：122 Bq/kg		筋肉：N.D.	筋肉：N.D.	
	血液：N.D.	血液：N.D.	血液：N.D.	血液：N.D.	血液：N.D.	血液：N.D.	血液：N.D.	
	糞：N.D.	糞：N.D.	糞：115 Bq/kg	糞：262 Bq/kg	糞：N.D.	糞：N.D.	糞：N.D.	
5				筋肉：78 Bq/kg		筋肉：N.D.	筋肉：N.D.	筋肉：N.D.
	血液：N.D.	血液：N.D.	血液：N.D.	血液：N.D.	血液：N.D.	血液：N.D.	血液：N.D.	血液：N.D.
	糞：N.D.	糞：N.D.	糞：136 Bq/kg	糞：290 Bq/kg	糞：N.D.	糞：N.D.	糞：N.D.	糞：N.D.
6				筋肉：78 Bq/kg		筋肉：N.D.	筋肉：N.D.	筋肉：N.D.
	血液：N.D.	血液：N.D.	血液：N.D.	血液：N.D.	血液：N.D.	血液：N.D.	血液：N.D.	血液：N.D.
	糞：N.D.	糞：N.D.	糞：128 Bq/kg	糞：258 Bq/kg	糞：N.D.	糞：N.D.	糞：N.D.	糞：N.D.

生産においてもクリーン・フィーディングの有効性が確認された．

4.3.2　羊におけるクリーン・フィーディング

4.3.1項で述べたように，馬においては，いったん原発事故に起因する放射性核種で汚染した飼料を給与された後，一定期間清浄飼料給与に切り替えることで清浄化できること，すなわちクリーン・フィーディングが有効であることが確認できた．食肉用の主要家畜である豚や鶏の場合，飼料は放射性核種で汚染されていない穀類を海外から輸入して，飼料工場で混合したものであるため，原発事故に起因する放射性核種で汚染された飼料を供与することはないと考えられる．しかしながら，食肉用の牛や羊などの反芻家畜の場合，消化管の構造や飼料の消化・吸収の生理メカニズムが，同じ草食動物とはいっても馬とは大きく異なるので，別途クリーン・フィーディングの有効性を確認しておかなくてはならない．

原発事故後の約1年半の間，福島県中央部で放牧や舎飼などのさまざまな環境で食肉用として飼養されていた100頭の雌雄の羊を家畜舎内に移し，3カ月間以上清浄飼料と清浄飲料水を給与し続けた（Manabe *et al.* 2016b）．この羊を家畜改良センター本所（福島県西白河郡西郷（にしごう）村）で2012年11月-12月の間に毎回10頭宛10回にわけて安楽死させた後，骨格筋（大腿四頭筋，大腰筋など），肝臓，腎臓，脾臓，生殖器（雄の場合は精巣，雌の場合は卵巣を調べた）などの臓器を摘出し，これらと血液，尿などにおける放射性セシウムを4.2節と同様に測定した（図4.10）．

反芻家畜の羊では，大きな第一胃内に共生している数百兆の微生物が粗飼料に多量に含まれるセルロースなどの繊維質を分解してエネルギー源としている．このような羊が，長期間にわたって汚染した粗飼料を摂取してしまった場合でも，清浄飼料と清浄飲料水を3カ月間給与すれば骨格筋を含む肝臓，腎臓，脾臓，生殖器などのさまざまな臓器の放射性セシウムレベルは検出限界値以下にまで低下することが，100頭という多数の供試動物で例外なく確認された．同じ反芻家畜といっても体重が羊の10倍以上の牛で同様な確認試験を行うことは困難であるが，羊の知見から，肉用の牛でも同様にクリーン・フィーディングが有効であると推察される．

図 4.10　羊の試験の状況
原発事故後約 1 年半の間，福島県中央部で放牧や舎飼などのさまざまな環境で食肉用として飼養されていた羊を畜舎内に集め，3 カ月間以上清浄飼料と清浄飲料水を給与した後，さまざまな臓器の放射性セシウムレベルを調べた．

4.4　豚の繁殖能の変化を調べる

原発事故の後 105 日間，福島第一原発から 20 km 圏内（警戒区域内：福島第一原発から北東に約 17 km 離れた福島県南相馬市小高(おだか)区）の畜舎内で通常の飼養管理法で飼養され続けて被曝した雌雄の原種豚 5 種（デュロック種，中ヨークシャー種，大ヨークシャー種，ランドレース種およびバークシャー種）を東大牧場に救出し，これらの繁殖能を調べた（図 4.11）．

原発事故の前年の時点で，警戒区域内には豚が約 3 万頭，乳用と肉用をあわせて牛が約 4,000 頭，馬が約 100 頭，卵用と肉用をあわせて鶏が約 90 万羽飼養されていた．事故後，これらの大半が餓死するか殺処分されるなどして失われた．救済した原種豚が飼養されていた農場周辺の放射線量は，原発事故直後の時点で約 1 μSv/h，土壌の汚染は 100 万 Bq/kg を超えていたものと推測されている．事故後 3 カ月の時点で生き残っていた 26 頭（雄 10 頭と雌 16 頭）を東大牧場に救出したが，長期間十分に飼養管理されていなかったために運搬前

図 4.11　豚の試験の状況
原発事故直後における周辺の放射線量が約 1 μSv/h，土壌の汚染が 100 万 Bq/kg を超えていたものと推測される警戒区域内で 100 日以上飼養されていた 1 歳未満から 7 歳以上の雄豚 10 頭と 2 歳未満から 6 歳以上の雌豚 16 頭を東大牧場に搬入した．

に疲弊していたことや酷暑のなかでの長距離運搬による疲弊などのために 4 頭（デュロック種雄 1 頭，デュロック種雌 2 頭およびランドレース種雌豚 1 頭）斃死した．残りの原種豚について，健康評価（体重・飼料摂取量測定，血液学・生化学検査，免疫機能検査，行動異常観察など）を行うとともに繁殖能（雄の精子活性評価や異常精子率測定，雌の卵巣超音波画像診断や血中ホルモン濃度測定など）を調べた（眞鍋 2013b）．健康状態，免疫機能，行動などに特記すべき異常は認められず，雌雄の繁殖能についても特記すべき異常は認められなかった．

次いで，繁殖能に問題がないと判断できたものを適時交配させた．妊娠を確認できた 7 頭の母豚が，2012 年 1 月末から出産を開始して 2012 年 12 月 1 日までに 64 頭（雄 32 頭，雌 32 頭）を出産したので，これら第 2 世代の健康評価と繁殖能評価を行った（図 4.12）．豚の雄は 6 カ月齢で射精能を獲得し，8 カ月齢で性成熟し，10 カ月齢から繁殖に供用できる．雌の場合は，4 カ月齢で発情兆候を示し，8 カ月齢で排卵を開始し，10 カ月齢から繁殖に供用できる．これらを指標として，第 2 世代の繁殖能を評価した．いずれの指標においても特段

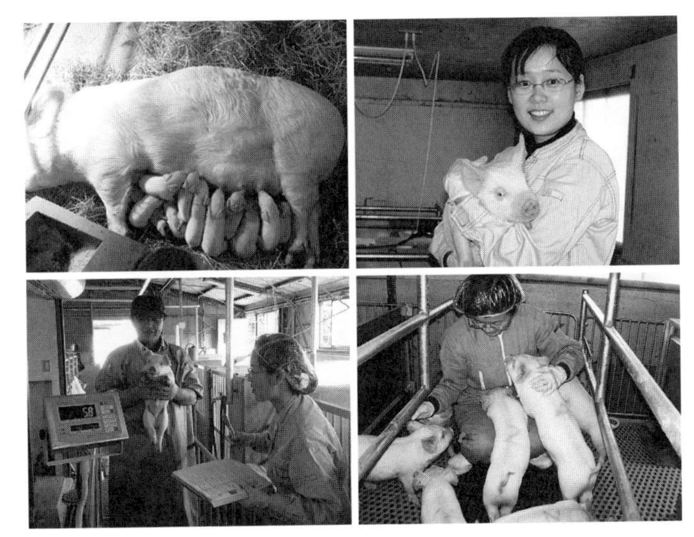

図 4.12　豚の試験の状況
上左：授乳中の母豚，上右：人工哺乳中の仔豚，下左：仔豚の体重測定，下右：仔豚の健康検査．

の異常が認められなかったので，第 2 世代間で交配を進めて，第 3 世代の誕生を確認した．これら第 3 世代においても健康評価と繁殖能評価を行い，特段の異常は認められていない．

一般に，医薬や農薬などの化合物の安全性を評価する場合，母親世代，子世代，孫世代までの 3 世代にわたって繁殖能などを調べる．原発事故に由来する各種の放射性核種を比較的高レベル被曝したことが推測されている雌雄の原種豚について第 3 世代まで健康評価と繁殖能評価を行い，特段の異常が認められなかった．今後は，これらの動物について分子レベルや遺伝子レベルでの健常性などを精査する必要が残されている．

4.5　福島原発事故で汚染した糞尿の処理

4.5.1　安定した循環型農業の保持に果たす畜産の役割

畜産には，栄養と感染症との視点からの人間と動物の健康保持，有機肥料の供給や畜力による作物栽培の支援を介した環境の健全性保持などを通じて人類の食と豊かな生活の基盤を支えていくという地球規模での重要な社会的役割がある．この社会的責任を果たすために，原発事故に起因する放射性核種の動態や影響を実証的に調べ続けて国民の健康維持に貢献しなくてはならない．原発事故に起因する放射性核種による広範囲の環境汚染という，人類がこれまで経験したことがない過酷な状況下における安全な乳，肉，卵などの畜産物を生産する手法の確立だけではなくて，糞尿，食べ残した飼料（飼料残渣），家畜の寝床として畜舎の床に敷かれた麦藁や稲藁（敷料）などを原料として生産される貴重な有機肥料である堆肥が安全であることの実証と，それを安定的に供給できる生産システムの確立も重要な課題である．

2012年4月に設定された食品の新基準値に適合した安全な乳，肉，卵などの畜産物を生産するための飼料の暫定許容値は，表4.2でもみたように，日本における家畜の飼養管理や飼料生産の実態や原発事故後に行われた多くの試験の知見に基づいて，乳用，肉用を問わず牛の飼料に含まれる放射性セシウムレベルは100 Bq/kg以下，馬の飼料に含まれる放射性セシウムレベルも100 Bq/kg以下，しかし豚の飼料では80 Bq/kg以下，卵用と肉用とを問わず鶏の飼料は160 Bq/kg以下とされた．また，家畜の敷料に含まれる放射性セシウムレベルを400 Bq/kg以下とすることや家畜糞尿を原料とする堆肥などの有機肥料に含まれる放射性セシウムレベルを400 Bq/kgとすることなどが設定された．

しかしながら，このような新たに設定された基準にしたがって飼料作物を栽培してみると，いくつかの改善すべき点が残されていることが判明してきた．たとえば，牧草地を深く耕起することで土壌の表層部で高いレベルの放射性セシウム濃度を下げることができること，植物にとって3大栄養素（肥料：窒素・リン酸・カリウム）の1つであるカリウムを含む化学肥料を多量に施肥することで牧草の根からの放射性セシウムの吸収を抑制できることなどがわかり，放射性セシウムレベルの低い安全と考えられる牧草が生産できるようになった．ところが，この結果，カリウム含量が非常に高い牧草が生産されることとなった．一般に，乳牛にカリウム含有量の多い牧草を給与し続けると，低マグネシウム血症（グラステタニー）や低カルシウム血症（乳熱）などを発症するリスクが上昇することが知られているので，適正なカリウム肥料の施肥法の開発が今後の課題として残されている．さらに，有機肥料を施肥することなく長年にわたって化学肥料のみに頼った耕地管理を行うと，土壌は本来の無機物の母岩由来の鉱物粒子だけになってしまって硬く締まりすぎ，通気が悪くなって作物の根の呼吸が阻害してしまう，硬いために根を十分に張ることが難しくなるなどの問題をきたしてしまう．土壌が硬く締まることにより，排水性が悪化し，保水性も低下するなどの問題も起こってくる．原発事故に起因する放射性核種による広範囲の環境汚染という，人類がこれまで経験したことがない過酷な状況に対応できる新たな有機肥料の生産手法の開発が望まれている．

4.5.2　好気性超高温発酵による家畜糞尿などの発酵処理

上述のように，原発事故による放射性核種で汚染された農場や牧場の廃棄物や家畜糞尿の処理法の確立は社会的緊急課題である．福島第一原発の近郊の圃場では，放射性セシウムの作物への吸収がカリウム吸収と競合すると考えられており，過剰なカリウム施肥が放射性セシウムの作物への吸収を減少させると考えられているために，放射性核種で汚染された堆肥などの有機肥料の使用を控えて化学肥料を使った耕作が行われている．しかし，長期的に再生可能な安定した作物産生を行おうとした場合，化学肥料に加えて有機肥料の利用が必須であり，安全な堆肥の生産を避けて通ることはできない．家畜糞尿，飼料残渣，敷料残渣や農場廃棄物の発酵処理は循環型農業を促進して，真に農業を復興させるためには欠かせない重要課題である．

畜産領域においては糞便を介して感染が広がる腸管感染症が大きな問題となっており，これを阻止するために，10年以上前から，耐性菌の出現とのいたちごっこを繰り返してきている抗生物質などの化合物に頼らずに110℃以上の高温（最高発酵温度：117℃）で発酵することで糞尿中の病原性微生物を一掃する手法として好気性超高温発酵法を筆者らは開発してきていた（眞鍋ら 2014a; 小堤ら 2015）．この好気性超高温発酵法による110℃以上の高温によって病原体は死滅するから，生産された発酵産物は，腸管出血性大腸菌やサルモネラ菌などの人間においても問題となる病原体を含まない安全な作物を栽培するための有機肥料（いわゆる嫌気性発酵による慣行法で生産した堆肥とはずいぶ

図 4.13　好機性超高温発酵のための発酵槽の模式図（左上）と実物の写真

ん異なるものである）として有用である．この好気性超高温発酵法によって，水分含有率が約30-35%の乾燥した粉末状の発酵産物が生産されるが，発酵過程で容量が約10分の1にまで減容される．筆者らは，初め，原発事故による放射性核種で汚染された家畜糞尿，飼料残渣，敷料残渣や農場廃棄物の減量のために好気性超高温発酵を行い，続いて，これによる最終生産物が安全な作物を栽培するための有機肥料として有用か否かを調べたところ興味深い知見が得られた（Manabe *et al.* 2016c）．

東大牧場に設置した発酵槽の構造は，天井が吹き抜け状に開いており，間口部も1週間ごとに発酵中の混合物を切り返すためのホイールベーラーが進入できるように開けており，3方の壁と床（間口4.3 m・奥行8 m・高さ2.4 m）はコンクリート製で，床には2本の溝（幅10 cm・深さ10 cm）が掘られ，各溝内には奥の壁の外側に設置された電動送風機から送風するために10 cmおきに直径5 mmの穴を開けた塩化ビニル管（直径9 cm）が挿入されたものである（図4.13）．

発酵原料としては，家畜の糞尿，飼料残渣，敷料残渣や農場廃棄物などの動物性と植物性の有機物が供された．初めに，発酵原料と最終発酵産物（種菌叢）とをおおむね同容混合して水分含有率を55-60%に調整してから発酵を開始した．発酵開始2日後には発酵中の混合物の中央部の発酵温度は110℃を超え，この高温は2-3日間維持された．5日後には発酵温度が下がりはじめ，

7日後にホイールローダを使用して発酵中の混合物をていねいに混合した後，全量を隣の発酵槽に移した（「切り返し操作」とよぶ）．この発酵プロセスを6-7回繰り返すと，発酵中の混合物の温度が上昇しなくなり，発酵が終了する．このときの最終発酵産物は乾燥した粉末状（水分含有率：30-35%）で，この大部分を種菌叢として次の発酵原料と混合して発酵プロセスを継続した．同じ長さの2本鎖DNA断片であっても塩基配列の違いに基づいて分離することができるために微生物叢を構成する微生物の種類を解析したり，遺伝子の変異やDNAの多型の解析に用いられる変性剤濃度勾配ゲル電気泳動法（denaturing gradient gel electrophoresis）を駆使して微生物叢を分析したところ，好機性超高温発酵における支配的な細菌は *Geobacillus* 属の *Geobacillus thermodenitrificans*，*Geobacillus tropicalis*，*Geobacillus stearothermophilus* や *Bacillus thermodenitrificans*，*Sphingobacteriaceae bacterium*，*Thermoactinomyces sanguinis*，*Thermus thermophilus*，*Thermaerobacter composti*，*Bacteroidetes bactereria* などであることがわかった（Manabe *et al.* 2016c）．最終発酵産物を有機肥料として施肥した場合，トウモロコシを除く米，大豆，インゲン豆，エンドウ豆，タマネギ，ネギ，キュウリ，トマト，ナス，ピーマン，ジャガイモ，キャベツ，ダイコン，カブなど22種類の作物に有機肥料として優れた効果を発揮すること，インゲンマメ，トマト，ピーマン，ジャガイモ，キュウリ，キャベツなどの連作障害をおこしやすい作物において障害を軽減する作用があることなどが確認されている（眞鍋ら 2014a; Manabe *et al.* 2016c）．

このようにして，原発事故直後から約6カ月間，各種の家畜（この時期，東大牧場では約40頭の牛，約120頭の山羊，20頭の馬と30頭の豚が飼養されていた）の糞尿，敷料残渣，飼料残渣の混合物や農場残渣を原料として製造された発酵産物の放射性セシウムは，土壌，土壌改良資材，肥料における新許容値（400 Bq/kg）より2倍以上高い約900-1,000 Bq/kgであった．なお，原発事故前の日本の農地土壌中の放射性セシウムは約20 Bq/kg（5-140 Bq/kg）であった（農水省）．

4.5.3 発酵産物から作物への放射性セシウムの移行試験

4.5.2項で述べた原発事故に起因する放射性セシウムで汚染した最終発酵産

図4.14　小規模圃場試験の様子

物（約900-1,000 Bq/kg）を用いて実際に作物を栽培し，発酵産物から作物への移行について実証的に調べた．

2012年の春から夏にかけて，東大牧場内の圃場に円柱状の穴（直径1 m，深さ1 m）を掘り，この穴に最終発酵産物を充填した（図4.14）．各穴に，別途播種して育成しておいた作物の苗（ダイズ，トウモロコシ，ナス，ニガウリ（ゴーヤ），ジャガイモ，キャベツおよびショウガ）を移植し，各作物を適切な方法で栽培した．実験開始時と各々の収穫時に，最終発酵産物，各作物の根，茎，葉あるいは実における放射性セシウムを4.2節と同様に測定した．なお，とくに加食部はていねいに測定した．

今回供試したすべての各作物において，根，茎，葉あるいは実などにおける放射性セシウムは20 Bq/kg以下であった．すなわち，人間の食品の安全性を確保するために2012年4月1日に設定された放射性セシウムレベルの新基準値（穀類，野菜類，果物類，肉，卵，魚などの一般食品は100 Bq/kg以下．ただし，牛乳や乳児用食品は50 Bq/kg以下，飲料水は10 Bq/kg以下）より低く，多くの検体においては検出限界値以下であった．土壌，土壌改良資材，肥料における新許容値400 Bq/kgの2倍以上の高レベル（約900-1,000 Bq/kg）で放射性セシウムに汚染した好機性超高温発酵の最終発酵産物で栽培しても，ダイズ，トウモロコシ，ナス，ニガウリ，ジャガイモ，キャベツ，ショウガにおいてはほとんど植物体内に放射性セシウムが移行しないことが実証された．

筆者らは別途，予備的実験として，土壌，土壌改良資材，肥料における新許容値 400 Bq/kg の半分にあたる放射性セシウムが 200 Bq/kg となるように汚染していない土壌に好機性超高温発酵の最終発酵産物を調製した栽培土壌中で，オオムギ，ソバ，トウモロコシ（人間の食品用としてスイートコーンと家畜の飼料用としてデントコーンの両種類），ダイズ，エンドウマメ，ナス，トマト，ニガウリ（ゴーヤ），ジャガイモ，サツマイモ，キャベツ，ネギ，タマネギ，ショウガ，キュウリおよび牧草（イタリアンライグラス）を各々の作物にとって適切となるように管理しながら栽培し，収穫時に根，茎，葉および実における放射性セシウムを測定したところ，すべての各作物の根，茎，葉，実などにおいて放射性セシウムは検出限界値以下であった．

これらの知見は，放射性セシウムで汚染した最終好機性超高温発酵産物を含む土壌から植物への放射性セシウムの移行が低いことを示している．これまで原発事故を経験したことがないため，事故に起因する放射性セシウムが土壌などの環境から作物体内に移行するメカニズムの詳細が解明されていないので，残念ながらこれらの知見を科学的に説明できるまでに至っていない．あくまで推測の域を出ないが，メカニズムの１つとして，最終発酵産物の主体は好機性超高温発酵菌の休眠胞子や芽胞であるが，発酵の間に微生物が自分の体内に放射性セシウムを取り込み，これが休眠胞子や芽胞内に保持されて作物に移行しないことが考えられる．もう１つのメカニズムとして，発酵原料の主体である牧草などの植物の体内に含まれる微細な鉱物質（たとえば，イネ科にたくさん含まれ，一般にはケイ酸とよばれている二酸化ケイ素，他の植物に含まれている炭酸カルシウムやシュウ酸カルシウムなどの結晶）が超高温発酵の過程で放射性セシウムと強く結合して作物に移行しづらくなっていることが考えられる．今後，最終好機性超高温発酵産物中の放射性セシウムが容易に植物に移行しないことの科学的メカニズムの詳細を解明しなくてはならない．

これらの実践的な研究成果は，現在実施されているさまざまな農業分野における放射性セシウムの規制を再度見直すべきであることを示している．日本における食料生産と環境保全を長い目で俯瞰したとき，作物栽培の円環のなかに家畜を組み入れることで有機肥料の安定的供給ができ，持続可能な農業の確保が可能となる．原発事故で環境が汚染されてしまった北関東から南東北にわたる広範な地域は，日本のもっとも重要な食料生産基地であるので，この地域における農業の再生は，日本が生き残るための生命線の1つである．放射性セシウムに汚染された地域内で家畜堆肥の生産と利用とを再開できるようにすることは，持続可能な循環型農業システムの復興には欠かせない．

4.6　多面的研究をすることの重要性

筆者らは，上述のように，乳や食肉生産におけるクリーン・フィーディングの有用性の確認，種豚を用いた放射性核種の繁殖機能におよぼす影響の調査，新規な家畜糞尿の発酵処理法の開発などの活動の外に，産官学で協働して，反芻家畜における原発事故に起因する放射性セシウムで汚染された飼料から家畜体内への放射性セシウムの吸収を軽減する手法の開発，容易に移動できるトラックの荷台に検出器を積載して現場で1パック約500 kgの放射性セシウムで汚染したヘイレージを開封することなくパック単位でリアルタイムに測定して廃棄すべきヘイレージと利用可能なヘイレージを判別できる手法の開発，出荷直前の食肉などを個別に迅速測定できるリアルタイム計測システムの開発などを進めてきている（図4.15）．

原発事故発生から6年が経ち，このような広範囲での深刻な放射能汚染という未曾有の災害があったことを多くの人々は記憶から失いつつあるが，この問題はいまだにほとんど解決していない．私たちは，産官学の壁を取り払って叡智を集め，机上の空論に終わることがないように着々と具体的対策を考案して実行していかなくてはならない．たとえば，畜産領域であれば実際に牛，山羊，馬，豚などのさまざまな家畜を畜舎や屋外で飼養し，場合によっては牧場で放牧し，さまざまな飼料作物を栽培しながら事実に裏打ちされた知見を重ねて，具体的対策を練り直してこの未解決の災害に立ち向かい続けなくてはならない．誠に残念ながら，覆水盆に返らず，科学には王道も抜道も近道もない．このような科学に裏打ちされた多面的研究を継続することが着実な被災地の再生と復興支援の要となると信じている．

図 4.15　筆者らが開発しているリアルタイム個別計測システム
左：家畜飼料（ヘイレージ）の個別計測システム．右：食肉の個別計測システム．

本章で紹介した事例は，東京大学大学院農学生命科学研究科の高橋友継，遠藤麻衣子，飯塚祐彦，朴春香，アサン・カビール，カニカ・ウォンパニ，小野山一郎，李俊佑，田野井慶太朗，中西友子（敬称略）らとの協働研究の成果であり，各位に深く感謝する．

参考文献

Belli, M., Sansone, U., Piasentier, E., Capra, E., Drigo, A. and Menegon, S. 1993. 137Cs transfer coefficients from fodder to cow milk. *J. Environ. Radioat,* 21: 1-8.

Beresford, N. A., Gashchak, S., Lasarev, N., Arkhipov, A., Chyomy, Y., Astasheva, N., Arkhipov, N., Mayes, R. W., Howard, B. J., Baglay, G., Logovina, L. and Burov, N. 2000. The transfer of 137Cs and 90Sr to dairy cattle fed fresh herbage collected 3.5 km from the Chernobyl nuclear power plant. *J. Environ. Radioat,* 47: 157-170.

Fabbri, S., Piva, G., Sogni, R., Fusconi, G., Lusardi, E. and Borasi, G. 1994. Transfer kinetics and coefficients of 90Sr, 134Cs and 137Cs from forage contaminated by Chernobyl fallout to milk of cows. *Health Physic,* 66: 375-378.

Gastberger, M., Steinhausler, F., Gerzabeck, M. and Hubmer, A. 2001. Fallout strontium and caesium transfer from vegetation to cow milk at two lowland and two Alpine pastures. *J. Environ. Radioat,* 4: 167-273.

橋本健，田野井慶太朗，桜井健太，飯本武志，野川憲夫，檜垣正吾，小坂尚樹，高橋友継，榎本百利子，小野山一郎，李俊佑，眞鍋昇．2011．原発事故後の茨城県産牧草を給与した牛の乳における放射性核種濃度．*Radioisotopes,* 60: 335-338.

IAEA (International Atomic Energy Agency). 2005. Environmental Consequences of the Chernobyl Accident and their Remediation: 20 years of Experience Report of the UN Chernobyl Forum Expert Group. Vienna, Austria.

IAEA (International Atomic Energy Agency). 2009. Quantification of Radionuclide Transfer in

Terrestrial and Freshwater Environments for Radiological Assessments. Vienna, Austria.
IAEA (International Atomic Energy Agency). 2010. Handbook of Parameter Values for the Prediction of Radionuclide Transfer in Terrestrial and Freshwater Environments. Vienna, Austria.
ICRP (International Commission on Radiological Protection). 2009. Application of the Commission's Recommendations to the Protection of People Living in Long-term Accident or a Radiation Emergency. ICRP publication111. Annals of the ICRP 39, Elsevier, Amsterdam, Netherlands.
Johnson, J. E., Ward, G. M., Ennis, Jr. M. E. and Boamah, K. N. 1988. Transfer coefficients of selected radionuclides to animal products: 1. Comparison of milk and meat from dairy cows and goats. *Health Physic,* 4: 161-166.
MAFF (Ministry of Agriculture, Forestry and Fisheries of Japan). 1995. Feed Transfer Factor to the Radionuclides from Feed to Livestock Products. Tokyo, Japan.
MAFF (Ministry of Agriculture, Forestry and Fisheries of Japan). 2011. Setting the Tolerance Improvement Materials and Feed Fertilizer Including Radioactive Cesium: 2. Allowable Radioactive Cesium in the Feed. Tokyo, Japan.
眞鍋昇，李俊佑，高橋友継，遠藤麻衣子，榎本百利子，田野井慶太朗，中西友子．2012a．飼料中の放射性物質の牛乳への移行と今後の対策．デイリージャパン，12: 25-27.
眞鍋昇．2012b．乳牛における放射性セシウムの動態．化学と生物，50: 668-670.
眞鍋昇，高橋友継，小野山一郎，遠藤麻衣子，飯塚祐彦，李俊佑，田野井慶太朗，中西友子．2013a．原発事故からの畜産業の復興のための家畜や畜産物の放射性核種汚染の実証的調査研究．『東日本大震災からの農林水産業と地域社会の復興（シリーズ21世紀の農学)』，pp. 24-36．養賢堂，東京．
眞鍋昇．2013b．原発事故による放射線被曝が種豚とその子孫におよぼす影響．養豚の友，10: 49-52.
Manabe, M., Takahashi, T., Li, J., Tanoi, K., and Nakanishi. T. M., 2013c. Changes in the transfer of fallout radiocesium from pasture harvested in Ibaraki Prefecture, Japan, to cow milk two months after the Fukushima Daiichi nuclear power plant accident. *Agricultural Implications of the Fukushima Nuclear Accident,* pp. 87-95. Springer, Heidelberg, Germany.
眞鍋昇，高橋友継，李俊佑．2014a．畜産物の安全を重視した畜産廃棄物処理の将来．畜産の研究，68: 447-451.
眞鍋昇，高橋友継，李俊佑，田中哲弥，田野井慶太朗，中西友子．2014b．原発事故に関わる家畜と畜産物の安全性について．畜産の研究，68: 1085-1090.
眞鍋昇，遠藤麻衣子，高橋友継，李俊佑，古角博，太田稔，田野井慶太朗，中西友子．2015．原発事故由来放射性核種の家畜と畜産物への影響：汚染飼料を給与した馬における放射性セシウムの動態とクリーン・フィーディングの効果．全国公営競馬獣医師会報，26: 14-20.
眞鍋昇．2016a. 畜産物と家畜における放射性セシウム汚染の変化．現代化学，540: 47-48.
Manabe, M., Takahashi, T., Endo, M., Li, J., Tanaka, T., Kokado, H., Ohta, M., Tanoi, K. and Nakanishi. T. M., 2016b. Effects of "Clean feeding" management on livestock products contaminated with radioactive cesium due to the Fukushima Daiichi nuclear power plant accident. *Agricultural Implications of the Fukushima Nuclear Accident: The First Three Years,* pp. 87-95. Springer, Heidelberg, Germany.
Manabe, M., Takahashi, T., Endo, M., Li, J., Tanoi, K. and Nakanishi. T. M., 2016c. Adverse effects

of radiocesium on the promotion of sustainable circular agriculture including livestock due to the Fukushima Daiichi nuclear power plant accident. *Agricultural Implications of the Fukushima Nuclear Accident: The First Three Years,* pp. 91-98. Springer, Heidelberg, Germany.

小堤悠平，長峰孝文，高橋友継，畠中哲哉，道宗直昭，眞鍋昇．2015．好気性超高温発酵堆肥の抗大腸菌群効果の検討．畜産環境学会誌，14: 1-8.

Robertson, D. E., Cataldo, D. A. and Napier, B. A. 2003. Literature review and assessment of plant and animal transfer factors used in performance assessment modeling. United States Nuclear Reguratory Commission NUREG-CR-6825.

高橋友継，榎本百利子，遠藤麻衣子，小野山一郎，冨松理，池田正則，李俊佑，田野井慶太朗，中西友子，眞鍋昇．2012．原発事故後の茨城県産牧草を給与した牛の乳における放射性核種濃度の経時変化．*Radioisotope,* 61: 551-554.

Voigt, G., Müller, H. P., Prohl, G. P., Paretzke, H. G., Propstmeier, G., Rohrmoser, G. H. and Hofmann, P. 1989. Experimental determination of transfer coefficients of 137Cs and 131I from fodder into milk of cows and sheep after the Chernobyl accident. *Health Physic,* 57: 967-973.

Vreman, K., Van der Struij, T. D. B., Van den Hoek, J., Berende, P. L. M., and Goedhart, P. W. 1989. Transfer of 137Cs from grass and wilted grass silage to milk of dairy cows. *Sci. Total Environ.,* 85: 139-147.

補章　土壌
——農協・生協・大学の協同組合間連携による主体的な放射能計測

石井秀樹

1　放射能汚染の実態把握の重要性

放射能汚染の実態把握は，福島第一原子力発電所事故（以下，原発事故）による災害の克服と復興において，あらゆる対策の根幹をなす．すべての取組みがここから始まるといっても過言ではない．その重要性は，放射性物質の環境内循環，作物への移行，吸収抑制技術の開発，といった基礎研究でも自明だが，とりわけ本章で論じたい点は，被災地に暮らす人々が原発事故による災害（以下，原子力災害）と向かい合い，自らの災害体験や価値観に引きつけて主体的に被害の実相を理解し，生活再建の見通しや行動計画を立てて，具体的な行動をしてゆく際に，放射能汚染の実態把握が必要であった，という点である．

放射能計測は，しかるべき専門家が行うべきだという見解もあろうが，いわゆる研究者でなくとも，原発事故による災害の復旧に当たる人々や，被災した当事者が主体的に放射能を計測することは，この6年間では特別な意義があったと考えられる．

2　福島および東日本での食品汚染と買い控えの変遷

原発事故後，福島県産の食品はもとより，日本中の食品の放射能汚染の可能性が社会的関心となり，生産者，農協，食品業界は，さまざまな対応に追われた．2011年3月18日に茨城県産のホウレンソウから15,020 Bq/kgの放射性ヨウ素（基準値2,000 Bq/kg）と，524 Bq/kgの放射性セシウム（基準値500 Bq/kg）が確認され，3月19日に出荷停止措置がとられた．また同日に福島県川俣町で採取された原乳からは最大で1,510 Bq/kgの放射性ヨウ素（基準値300 Bq/kg，当時），18.4 Bq/kgの放射性セシウム（基準値200 Bq/kg，当時）が確認され，出荷停止がとられた．その後，東日本各地で葉物野菜，山菜，タケノコを中心に，放射性セシウムが暫定基準値500 Bq/kgを超える汚染が確認された．7月には汚染された稲藁を給餌した肉牛から最大で4,350 Bq/kgの放射性セシウム汚染が確認され，牛肉も出荷停止となった．2011年度は，避難指示が出た地域では農業生産活動それ自体が中止され，避難指示を間逃れた福島市や伊達市，二本松市などの地域では，ダイズ・ユズ・クリなどの作物で放射性セシウムが暫定基準値500 Bq/kgを超えるものが確認され，出荷停止措置がとられた．4，5月よりも牛肉の汚染が伝えられた6月以降の方が，農産物の買え控えをする動きが強くなった．モモは暫定基準値500 Bq/kgを超えるものはなかったが，市場ではモモの卸価格が5 kg箱で50円の値がついたときもあった[1]．

事故当年は，コメは水田土壌が5,000 Bq/kg未満であれば作付が認められた．結果として避難指示が出なかった地域は，基本的に作付制限がなされなかった．福島県は，9月に県内1,174カ所の玄米を採取し，暫定基準値500 Bq/kgを超える玄米が確認されなかったことをもって，コメの流通を認め，出荷停止措置をとらなかった．当時の佐藤雄平知事の記者会見は「事実上の安全宣言」とニュースに大きく取り上げられた[2]．

しかし福島県による9月末の事前検査では470 Bq/kgの玄米が二本松市で確認されていた．また10月には福島市大波地区で暫定基準値500 Bq/kg超過の玄米が確認された後，相次いで伊達市小国地区や月舘地区，福島市渡利地区，二本松市渋川地区でも暫定基準値500 Bq/kgを超える玄米が確認され，コメを出荷停止する措置がとられた．一度，「安全宣言」がなされた後の暫定基準値を超える玄米の発見は，生産者・消費者に大きな衝撃を与え，国や福島県の

1）福島市のモモ農家の証言（私信，2017年7月13日）．
2）『福島民友』2011年10月13日朝刊．

信頼は失墜した．コメのみならず，福島県を超えて東日本各地で，農産物の買い控えや風評被害が深刻となっていた．

3　生産者・消費者の自主的な放射能計測

原発事故が起こった2011年の混乱の中，食品や土壌などの放射能検査を国や行政だけに委ねず，独自に計測をし，生産・流通・消費のあり方を議論し，行動を決定してゆく生産者（農協や農業生産法人を含む）や，消費者（生協，食品業を含む）が現れた．

たとえば，「ふくしま土壌くらぶ」は，福島市内の果樹生産者が組織した団体だが，事故直後より，生産者の対応を協議する学習を重ねるだけでなく，ドイツ製のガイガーカウンターを取り寄せ，メンバーの果樹園の空間線量（μSv/h）の計測を独自に着手した．また民間の試験機関に果実の放射能の計測を依頼し，果樹の汚染を確認していった．永年作物である果樹は，出荷ができなくても果樹の世話をする必要があるなかで，実態把握をする必要に迫られた．

福島県外でも，さまざまな活動が展開された．茨城県の常総生協では，7月にNaIシンチレーションカウンター[3)]を導入し，生協が扱う農作物の計測に着手しただけでなく，組合員の母乳の放射能検査なども行い，母子の健康を守る取り組みにも着手した．

日本生協連は，ゲルマニウム半導体検出器を導入し，生協が扱う食品の安全性を検証すると同時に，2011年からはコープふくしまと連携し，一食一食ごとに福島県民が普段食べている食事の汚染実態を把握し，どのくらいの内部被曝をしうるのかを調べる陰膳調査を行った（日本生活協同連合会）．

協同組合や民間で実施された放射能計測の全貌を記すことはできないが，その主体，放射能計測の対象は実にさまざまであった．これらに共通する点は，土地の農作物にはじまり，福島県民が食べる食事の汚染実態や汚染経路を把握

3)　タリウムを含むヨウ化ナトリウムの結晶にガンマ線が当たると，その波長や強度に応じて，結晶が閃光を放つ．この閃光を光電子倍増管で検知し，電気信号を解析することで，ガンマ線源の種類と量を特定することができる．ゲルマニウム半導体検出器に比べて波長分解能が低いため，放射性核種の検出下限値は高くなる欠点はあるが，感度が高いため比較的短い時間での計測ができる長所がある．

し，これに基づいて生産・流通・消費のあるべき姿を模索する点である．また福島県産の食品の購買を一方的に避けるだけでなく，生産地と消費地の良好な関係を維持・形成する意図があり，実態把握に基づいて，生産活動や流通活動のあり方を検討し，これに基づいて情報発信や対話の機会を構築していった点である．

以下，農協と生協による協同組合間協同による農地の放射能汚染の実態把握の取り組みとして，「土壌スクリーニング・プロジェクト」を取り上げたい．JA 新ふくしま（現，JA ふくしま未来）では，ベラルーシ共和国 ATOMTEX 社が開発した NaI スペクトロメーター（AT6101DR）を用いて，2012 年 4 月より福島市内の水田と果樹園を圃場ごとに一枚一枚計測し，汚染実態の把握をふまえて営農指導や風評対策を講ずる取り組みを開始した．また福島県生活協同組合連合会（以下，福島県生協連）がその理念に共感し，日本生活協同連合会（以下，日本生協連）に支援を要請し，2011 年 8 月に全国の生協職員がボランティアとして計測を補助する体制を構築し，農協と生協の協同組合間協同による放射能計測が実現した．

こうした農協と生協による協同組合間連携による放射能計測が実現した契機は，2011 年 10 月 30 日から 11 月 7 日まで行われた「ベラルーシ・ウクライナ福島調査団」である．

4　ベラルーシ・ウクライナ福島調査団

この視察団は，福島大学副学長の清水修二氏（当時．専門：地方財政論）を団長とし，後に土壌スクリーニング・プロジェクトの企画する JA 新ふくしま専務菅野孝志氏（JA 新ふくしま組合長を経て，現 JA ふくしま未来組合長），福島県生活協同組合連合会長の熊谷純一氏（当時），同専務の佐藤一夫氏，福島大学経済経営学類准教授の小山良太氏（専門：農業経済学，現教授），および筆者（当時，法政大学特任研究員）が参加していた．その他，川内村の遠藤雄幸村長，浪江町議，福島県職員，南相馬市職員，医療生協関係者，森林組合関係者，ならびに福島県内外の研究者（地方財政論，環境社会学，環境経済学，法学，哲学，造園学，技術者倫理など）の合計 30 名で組織され，NHK や地元テレビ

コラム1　チェルノブイリと福島事故の比較

原子力発電の原理は，ウラン235に中性子をあてて核分裂を起こし，セシウム134，セシウム137，ストロンチウム90，ヨウ素131などの核分裂副生成物とともに生じる中性子を再びウラン235にあてて，核分裂を継続（臨界反応）し，その際に生じる熱でタービンを回して発電するものである．一方，原子爆弾は，この核分裂を一気に促進させて，瞬間的に生じる膨大なエネルギーを兵器に利用するものである．

チェルノブイリ原発事故は，1986年4月26日1時23分に生じた．臨界反応の制御を失い，原爆のように核分裂が瞬時に進んだ．格納容器がなく放射性物質がむき出しとなり，またウラン235を固定していた黒鉛が燃え続けたため，放射性物質が上昇気流に乗り，チェルノブイリ原発があるウクライナ，国境を介して隣接するベラルーシを中心に，ロシア，北欧，ドイツ，オーストリア，ギリシア，イギリスなどを汚染した．

福島第一原発では1，2，3号機が稼働中で，4号機に使用済み燃料棒が保管されていた．東日本大震災の揺れを検知して臨界反応は止まったが，その後の津波で，原子炉を冷却する外部電源を失った．原子炉内部の温度と圧力が上昇し，燃料棒が溶融（メルトダウン）し，格納容器を熱で貫いた（メルトスルー）．一時は再臨界が生じてチェルノブイリのような爆発的事故が危惧されたが，これは未然に防がれた．一方，高温となった燃料棒と水が反応して水素が生じ，水素爆発を起こして，格納容器の破断と放射性物質の漏えいが生じ，これが国土を汚染した．

チェルノブイリ原発はユーラシア大陸の内陸にあり，主に陸地を汚染した．福島第一原発は太平洋岸沿岸にあり，陸地の汚染被害も甚大であったが，放射性物質の8割以上は東へ飛散し，放射性物質の大半が海洋に降り注いだ．チェルノブイリ原発事故では，ストロンチウム90，プルトニウム237，アメリシウム241などの放射性核種も土壌を汚染したが，福島原発事故の大気降下はセシウム134，セシウム137，ヨウ素131が主であった．これは原発の構造と事故の経過が異なるからである．ストロンチウム90やプルトニウム237による内部被曝の影響はセシウム以上に大きく，農作物への吸収抑制対策が十分に確立されていない．福島事故による土壌汚染がストロンチウム90やプルトニウム237も顕著であった場合は，農業再生や帰還は限りなく困難になったであろう．

局，地元新聞社を含む6社が同行した．

この調査団の特徴は，①福島県内の被災地の最前線でさまざまな対応に追われていた実務家が多かったこと，②福島の事故当事者を主体とする視察団であったこと，である．津波で住居を失った方，20 km 圏内に居住していて避難を余儀なくされた方，子どもを遠隔地に避難させた方もおられた．視察団参加者は，個人としては被害者でありながら，実務を担う者として責任のある方々であり，専門性と当事者性をもって視察をした．またベラルーシやウクライナの訪問先でも，被災地を支援することに共感をもって視察が受け入れられた．

視察団の詳細は報告書など（清水 2013；石井 2012）に譲るが，視察団一同がベラルーシやウクライナの農業対策で感銘を受けた点は，農地の放射能や土壌診断に基づいて放射性物質の吸収予測を行い，吸収抑制対策や食品加工[4]も交えた土地利用計画を検討し，営農してゆく考え方が定着している点である．いわば放射能汚染にただ絶望するのではなく，安全性評価・確認したうえで，被害を制御しながら土地利用や生活再建を計画してゆくことの重要性を認識し，勇気づけられたのである．

ベラルーシ共和国の国家警備隊を訪問した際には，放射線を計測する機器を製造する ATOMTEX 社や POLYMASTER 社の企業展示があり，「土壌スクリーニング・プロジェクト」で使われた AT6101DR と出会った．土壌中の放射性セシウム濃度を計測する際に，土壌採取や検体処理の必要もなく，現場で短い時間で計測結果がわかるため，たいへん実用性が高いと感じられた．

またゴメリ州で訪れた放射線学研究所では，農地一枚一枚の放射能計測と土壌診断に基づいて，営農計画を管理する「RAINBOW システム」[5]の説明を受けたが，汚染実態や農作物の放射能の吸収を科学的に捉えて，「制御」や「計画」の対象として捉える点に視察者は大きな感銘を受けた．

ベラルーシ共和国では，土地利用は国家が計画を立て，土地の私的所有も原

4）ストロンチウム汚染が少なく，セシウムが主たる汚染源である地域では，セシウムがアルコールや油に溶けにくい性質に着目し，小麦から作ったアルコールを蒸留することでウオッカを製造したり，乳製品の油分を集めてバターやチーズを製造するなどの食品加工を通じて食品中の放射能濃度を低減する取り組みが行われている．

5）農作物への放射性物質の移行リスクを7色で区分することから，RAINBOW システムの名前が付けられている．

則的には認められておらず，日本との比較は難しいが，国家が放射能汚染対策の確たる考え方を提示し，指導力をもって計画を推進する姿勢は，多くの視察者にとって頼もしく映った[6)].

5　農協と生協の実務者の決断

複数の農産物が出荷停止となるなか，JA の専務として前線で指導してきた菅野孝志氏は，安全・安心な農産物を生産するためには，汚染実態の把握が不可欠であると考えてこられた．汚染実態の把握がなければ，生産自粛をするにも，あるいは自信をもって生産活動を再開するにしても根拠が見いだせないからである．ましてや消費者に対して，安全や安心を訴えることができず，JA としての責任を果たせないからである．

福島県生協連の熊谷氏，佐藤氏も，消費者に安全・安心な農産物を届ける立場にある者として，出荷停止となる福島県産の農産物があることや，農産物が取引されなくなる現実を憂い，一方で消費者へ安全・安心な農産物を届ける責務との間で葛藤されていた．熊谷氏や佐藤氏は，「“食べて応援” といった同情的支援はいらない」，「福島県産の農産物を食べてもらえないのはしかたがないが，福島の原子力災害の苦しさ・現実を知ってほしい」，「福島の農産物の本来のおいしさ・魅力を知ってもらいたい」，「原子力災害の中でいかに立ち上がるか，賢い消費者運動の展開が必要」，と語っていた．

福島大学の小山良太氏は，この調査団では菅野氏とホテルが同室であった．視察中，福島の農業再開に向けて，何が必要か，何ができるかを夜な夜な討論したという．小山氏は，福島の農業再生には，農地一枚ごとの放射能汚染の実態把握が不可欠であることを主張し，農協と生協が協同組合間協同による放射能計測を推進するなかから，福島の農業の将来を展望することの必要性を，菅野氏や，熊谷氏や佐藤氏に提案をした．

---

6)　ウクライナは廃炉に 100 年スケールでかかることを明言し，その間は国家が廃炉に責任をもつことを明言していた．一方，日本政府は事故が生じた原子炉の状況もわからぬ中で，冷温停止が宣言された直後から，廃炉を 40 年で終了させることを宣言したが，国民の多くは疑義を感じている．

本調査団が帰国したのは2011年11月7日でコメの流通が始まる時期であった．福島県の事前調査で最高470 Bq/kgの玄米が確認されて以降，暫定基準値を超えるコメが確認される不安や緊張感が高まっていた．また10月末に福島市大波地区から暫定基準値500 Bq/kgを超過する玄米が確認され，日本政府がその検証を経て発表したのは11月17日，出荷停止措置がとられたのは11月18日のことであった．

菅野氏は，独自のモニタリング体制を整え，コメの流通を自粛し，JA新ふくしまからは基準値を超えるコメの流通をさせなかった．菅野氏は，こうした緊迫した状況が続くなか，現場の最前線で陣頭指揮を執るとともに，農地一枚一枚ごとの放射能計測を決断した．

6　土壌スクリーニング・プロジェクトの様子

全国各地から派遣された測定ボランティアは，月曜午後に福島へ集合し，13時から18時まで，福島大学の研究者によるレクチャー[7)]を受けた（図1）．その後，火・水・木曜日は，JA新ふくしま本店へ集合し，JA職員と現場へ赴き，計測のサポートを行った．また水曜夜は，福島県内の農業者との意見交換を兼ねた交流会を行い，福島の原子力災害に関する認識を深めた．そして木曜日夕方はJA職員とともに，一連のプログラムの振り返りと意見交換を行った．測定ボランティアは，全国から361名の参加者があった．奈良や大阪など関西圏からの参加者も多かったのは，派遣を後押しした生協組織の熱意が大きいが，関西圏では福島の原子力災害を扱うニュースが少なく，被災地で何が生じているのか，現地へ赴いて被害の実相を知りたいと考えた方々が多かったからである．

土壌スクリーニング・プロジェクトの事務局は，福島県生協連におき，全国からのボランティアの募集，宿の手配などを行った．また生協をはじめとした視察の受け入れ，ならびに全国各地で原子力災害の被害の実相と，土壌スクリ

7)　レクチャーでは，①放射能の基礎知識，②原子力災害の被害，③農作物の汚染実態とその対策，④農地の放射能計測をする意義と方法，を講じた．2012年は筆者が担当し，2013年からは野川憲夫氏，朴相賢氏が担当をした．

図1　測定ボランティアの様子（筆者は一番左）

ーニング・プロジェクトの実践を伝える講演会の企画・運営も担った．

2014年12月24日に，福島市内で測定対象とした農地すべての計測が完了し，2015年5月にJA新ふくしまの組合員向けの説明会を実施した．これらのデータは，今後営農指導，農地の賃借貸与，風評被害対策，の基礎的データとして使うことができる．また全量全袋検査の結果と照合させれば，生産工程管理に活かすこともできる．

生産者側の協同組合である農協と，消費者側の協同組合である生協が，放射能計測をともにした意義はきわめて大きい．まず生産者と消費者という利害が異なる者同士が測定をともにすることで，測定データの透明性や客観性の担保につながったと考えられる．測定ボランティアとして生協から派遣された人々は，外部の目線から食の安全・安心に厳しい目線でチェックをする役割を果たしたとも考えられ，土壌スクリーニング・プロジェクトは福島の生産者・消費者に対しても大きなメッセージを与えることができた．また派遣された生協職員にとっては，原子力災害の被害の実相や，福島における農業対策を学ぶことにより，消費者に説得力をもって具体的な情報提供ができるようになったという．農協側にとっては膨大な労力を伴う放射能計測のサポートが得られるという直接的メリットもあるが，被災地の外側で暮らす第三者的立場をもった人々の中に，原子力災害の被害の実相を客観的に伝えられる人達を得たことで，消費地との関係性がより強固になったと考えられる．福島県生協連の佐藤氏は，土壌スクリーニング・プロジェクトの発足段階から，「福島の被害を伝える伝道師を育てる」といっておられたが，その狙いは良い意味で企画時の予測を超えて，はるかに多様な意義を持っていたのではなかろうか．

7　持続可能な放射能汚染対策の構築に向けて

福島大学とJAグループ福島では，2016年4月1日に福島県農業協同組合中央会および農林中央金庫との福島農業の再生に資する調査・研究に関する連携協定を結び，福島県農業の再生に向けた研究活動を開始している．原発事故以降，全量全袋検査や，カリウム肥料によるコメのセシウム吸収抑制対策など数多くの成果が得られたが，風評被害の継続や，帰還地域での農業再開などの課題があり，従来からの対策を徹底するとともに，安全・安心な農作物の生産を持続可能なものとするための取り組みが求められている．

福島大学うつくしまふくしま未来支援センターでは，福島県内各地で採取された土壌（約600検体）を用いて（図2），ソバ幼苗によるポット試験を行い，ソバに実際にセシウムを吸収させて，土質や地域によるリスク評価を行い，低減対策や検査を今後重点的に強化・継続すべき条件を明らかにすることで，リスク評価に基づいた営農指導の実現や政策提言を目指している．

バイオアッセイ[8)]によるセシウム吸収のリスク評価にソバを用いた理由は，①貧栄養の土壌でも成長するためさまざまな土壌で実験が可能であること，②成長が早いため，膨大な検体数を扱う場合であっても，栽培実験に伴う労力を減らすことができること，③本葉の形成が始まるまでの幼苗期の間のセシウム吸収が顕著なため，放射能の検出が容易であること，などである．

図3は，横軸に土壌中の交換性カリウム濃度（mg K_2O/100 g）をとり，縦軸にソバの移行係数（生重量換算）をとったものである．全般的傾向として，交

8）生物（バイオ）で，分析・評価（アッセイ）することで，評価対象に生物資材を反応させて，その応答から，ものの性質を調べる手法．

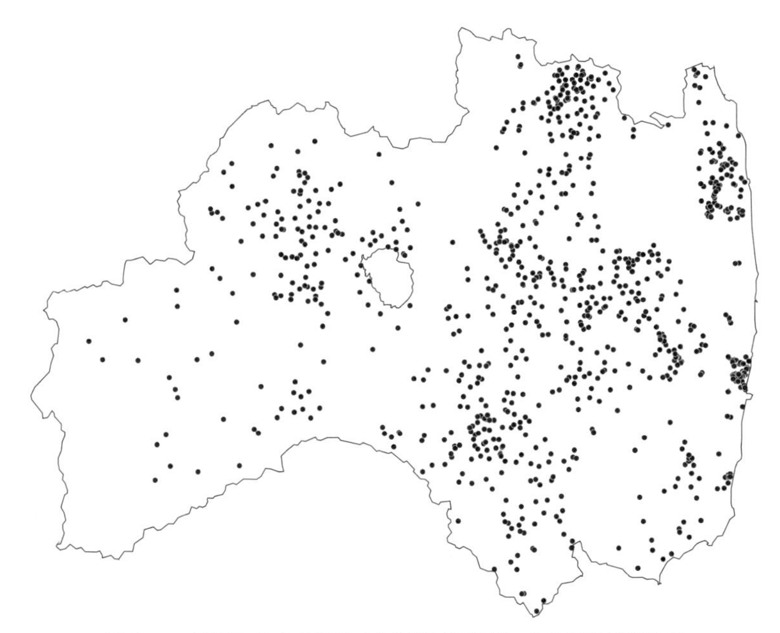

図2　ソバ幼苗による土壌リスク評価試験に用いた土壌の採取地点

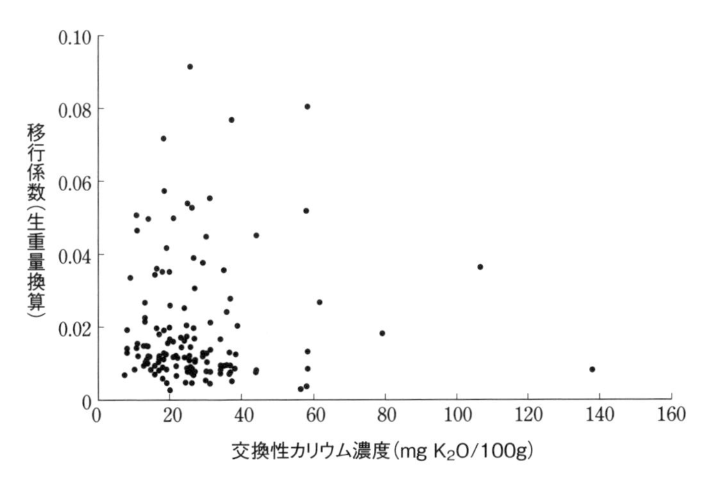

図3　交換性カリウム濃度別のソバ幼苗の移行係数（生重量換算）

図 4　ソバ幼苗を用いたリスク評価試験の様子

換性カリウム濃度が低いほど，移行係数（生重量換算）が 0.005 を超えるものの割合が高くなる傾向が認められた．ソバでは交換性カリウム濃度が 25 mg/100 g から 40 mg/100 g 程度でも移行係数が高くなる場合がみられた．

イネの場合，交換性カリウム濃度が低くなるほど，セシウムの移行が顕著となる場合がある一方，交換性カリウムの値が 25 mg/100 g を超える場合は，セシウムの吸収は一般的にかなり抑制される．これをもとに水稲の栽培では，土壌中の交換性カリウム値 25 mg/100 g が維持されるような肥培管理がなされている．

ソバでも交換性カリウム濃度が少ないほど移行係数が高くなる傾向が認められたのはイネと共通する．一方，土壌中の交換性カリウム濃度が 25 mg K_2O/100 g を超える場合でも，40 mgK_2O/100 g 程度までは移行係数が 0.005 を超える事例が数多くみられた．40 mg K_2O/100 g を超える場合は，移行係数が 0.005 を超える割合は減少するが，60 mg K_2O/100 g 前後でも移行係数が 0.005 を超える場合も散見され，100 mg K_2O/100 g を超えても移行係数が 0.005 を超えた事例が 2 件あった．

農林水産省によるソバに関する報告では（農林水産省 2014），基準値を超えないようにするためには，一般的な圃場では，交換性カリウム値を 30 mg K_2

O/100 g を超えるような肥培管理を推奨している．またソバのセシウム吸収が顕著な地域では 50 mg K_2O/100 g を目標とした肥培管理が推奨されている．

本実験では，ソバ幼苗という条件下ではあるが，交換性カリウム値が 30mg K_2O/100 g を超える場合でも，セシウム吸収が顕著に進む事例が数多く確認され，交換性カリウム値が 50 mg K_2O/100 g を超える場合でも，移行係数が 0.005 を超える事例が 10 事例確認された．こうした結果は，土質の違いにより，セシウム吸収が顕著に進む可能性がある農地があり，低減対策を引き続き継続すべき農地が福島県内各地にまだまだ存在するということである．

8　放射能汚染の実態把握を継続する意味

未曾有の原子力災害から 6 年半が経過し，順次，避難指示の解除と帰還が始まっている．計画された除染の多くも終了し，避難指示が出た地域では，生活環境・サービスの復旧に向けた各種の取組みが本格化している．全量全袋検査の結果は，基準値 100 Bq/kg を超える玄米が 2 年連続で確認されなかった．福島の復興は一歩一歩前進しているようにみえる．

こうした進展がある一方，進展したがゆえに，これまでの多岐にわたる支援の縮小・停止も視野に入り，現実化しつつある．こうした状況下での新たな対応が求められている．避難指示解除後も避難を継続する人が多いが，避難指示解除後の避難は自主的なものとみなされ，避難者の心理的・経済的負担は重い．住宅の再除染や，森林除染を求める声もきこえるが，環境省は再除染しない方針を採っている．塩化カリウムなどを主としたコメのセシウム吸収抑制対策や，全量全袋検査の縮小・停止も検討が始まった．今後，全量全袋検査や低減対策が縮小されても，基準値を超えさせない生産工程管理を新たに体系立てて講ずることが急務である．従来の支援の打ち切り・縮小の是非はさまざまな意見があろうが，いずれにしろ福島では“自立”がいよいよ求められている．

原子力災害の汚染を被った地域の生産者や消費者は，土壌や食品の放射能計測に関するさまざまな取り組みを試行錯誤で進めてきた．国や行政が開示するモニタリング情報もあるが，放射能汚染の実態把握を主体的に進める理由は，①国や行政が開示する情報の不足を補うこと，②国や行政の情報とは独立性のある計測をすることで事実を検証すること，③未曾有の災害の中で，原子力災害と向き合い，新たな対策を具体的に講じるための議論を進め，状況を打開してゆくこと，などの多様な意味があったと考えられる．

福島の農畜産物の安全性は今日では確立したといえるが，農業再開が始まる地域では，土壌や食品の放射能計測を行いながら，農業再生を描かなければならない．また風評問題は依然として根強いが，福島における取組みに関する認知が十全になされているわけではない．こうしたなかにあっては，やはり原子力災害の被害の実相を，自らの価値観や被害認識に引きつけて主体的に理解することが不可欠であり，放射能汚染の実態把握を基軸としながら，取り組みをすることが必要不可欠だと考えられる．

福島の原子力災害はまだ終わっていない．原子力災害と向かい合うために，かたちは変われども放射能汚染の実態把握は不断に継続してゆくことが必要であろう．

参考文献

石井秀樹．2012．危機的状況の中での制御可能なものごとを求めて――二本松市の栽培実験とチェルノブイリ視察団の経験．PRIME，35 号；27-43．

日本生活協同連合会「家庭の食事からの放射性物質摂取量調査について」http://jccu.coop/products/safety/radiation/method.html（2017 年 8 月 17 日閲覧）．

農林水産省．2014．放射性セシウム濃度の高いそばが発生する要因とその対策について――要因解析調査と試験栽培等の結果の取りまとめ（概要，第 2 版）．

清水修二，石井秀樹，藤野美都子編．2013．ベラルーシ・ウクライナ福島調査団報告書．ベラルーシ・ウクライナ福島調査団．

おわりに

昨年秋のことであるが，ほぼ書き上げた私の担当章の原稿を，「放射能からきれいな小国を取り戻す会」の事務局を受け持たれている菅野昌信さんに読んでいただいた．菅野さんは，本業の設計士としての仕事のかたわら，伊達市から委託されて地域の復興計画の意見集約などにも奔走されてきた，地域のリーダーのお一人である．毎年2月に小国（おぐに）の公民館で行っている試験栽培や山菜調査の報告会は，いつも菅野さんに企画をお願いしている．菅野さんはかなり厳しい口調で，「あなたは市から調査を頼まれて試験を始めたのだから，分からなくても仕方ないけれど，私たちが大学と一緒に試験栽培をしようと思ったのは，事故の年の秋に500ベクレル近いコメが穫れたとき市が何も動いてくれなかった，そのことに対する怒りからなんです．放射能で，この先ずっと小国の水田で稲作ができなくなってしまっているのだったら，そのことをはっきりさせてほしかったんです」といわれた．他の二，三の方々にあらためて試験栽培の動機をお聞きしてみても，やはり同様の答えが返ってきた．私たち研究者は，自分たちは分かっているつもりでも，知らず知らずのうちに「セシウム吸収抑制や農地除染の技術を確立することがもっとも大事」と勝手に決め込んでしまっているところがある．まだまだ今回の被害を自分のこととして捉えていないことを，恥ずかしく思った．

原発事故当年のことを思い起こしてみると，菅野さんたちと同様の怒りを，市町村は県に対して抱いていた．本書に登場した市町村の多くが大学との連携に踏み切ったのも，まさにこうした怒りが出発点だったといってよい．私自身が伊達市のお手伝いを始めたのも，事故当年の秋から翌春にかけて，農産物のセシウム汚染問題が混迷を極め疑心暗鬼が募るなかで，市が中立的な研究機関としての大学に被害の実態把握を期待されたからに他ならない．「中立的な立場に立って，客観的な科学的知見を提供する」という姿勢は，東京大学大学院農学生命科学研究科でも，復興支援研究の基本的な姿勢として長澤寛道研究科長（当時）がとくに留意されたことである．こうした取り組みを通じて，私たち自身，月並みな表現ではあるが非常に得がたい数々の勉強をさせていただいた．お恥ずかしいことではあるが，東京大学は地域の農業との直接の関わりがあまり密接ではない．私自身，市町村と連携して大規模な水田調査を行ったのは，今回がはじめてであった．

こうした“地域連携”や“地域振興”は，福島の問題に限らず，これからの大学の使命の1つとして大きな期待が寄せられているが，こうした活動を進めていくうえで考えていかなければならない，研究者側の課題にもいくつか直面した．小国の試験栽培とともに，私が伊達市から依頼された仕事がある．それは，全国の大学からの伊達市への“支援研究”の提案の交通整理であった．事故当年の暮れに伊達市からセシウム汚染米が見つかると，市には全国の大学からの“支援研究”の提案が殺到した．しかし，その大半は「自分の研究は除染や吸収抑制に応用できる可能性があるから，ボランティアで実証試験をしてくれる農家を斡旋してほしい」とか「自分の大学で貴方の試料の放射線測定をしてあげるから，自分宛に試料を送るように」といった，“自分の専門性の売り込み”といわれても仕方がないようなものがほとんどであった．なかには，農家に無断で測定用の作物を抜いていくような研究者もいた．このような，地域を“食い物”にする研究者の弊害は，福島の他の市町村でも問題となっていると聞いている．

さらに，情報は，それをもっとも必要としている人に最優先で伝達される必要がある．学会のなかには，公開報告会などで公表したデータを，二重投稿であるとして論文投稿を受け付けないところも多いため，震災復興に関する内容であっても論文投稿するまでは一般向けのデータ公開を渋る研究者が少なくなかった．もっとも印象的だったのは小国の試験栽培である．実施直前には，福島大学と連携していた大学の教員を含め，かなりの数の研究者が参加の意思表示をしていたのだが，データの公表方法と時期は市の専決事項であることをお伝えしたとたん，参加者は当初の半数近くにまで減ってしまった．一歩間違ったら大変な風評被害にもなりかねない試験であり，成果発表に単独行動が許されないことは最初から自明のことであろう．それを承知のうえで手を挙げてくださったものと考えていたばかりに，この結果には啞然とせざるを得なかった．今回のような災害が，将来いつ何時襲ってくるかわからない．いまのうちから，私たち自身の支援研究や情報発信のあり方について，根本的な見直しをする必要があるのではなかろうか．

最後になるが，本書を出版することとなった経緯について記しておきたい．平成 27（2015）年の秋に東京大学出版会編集部の丹内利香さんより，「福島の農業復興に関する本を，とくに大学による復興支援研究に焦点を当てて出版したいので，手を貸してほしい」との相談を受けた．丹内さんは福島県のご出身であるが，まだ震災から 4 年しか経っていないにもかかわらず震災の記憶が急速に風化しつつあることを憂慮されてのご提案であった．

事故から現在に至るまで，作物や樹木，家畜のセシウム吸収メカニズム，土壌中におけるセシウムの動態や吸収抑制対策技術に関する情報は山のように公表されてきたが，それらから農家が受けた被害そのものを読み取ることは，なかなか難しい．かといって，こうしたことを，これまた山のように公表されてきた農業被害の経済学的な分析から理解することもまた難しい．上記のように，原発事故後，私たちは地域住民組織や市町村と一緒に，現場で農業被害をみてきた．いま，研究者の目からみてきた「原発事故の農業被害そのもの」を，具体的な事例を通して記録しておくことは時宜を得た企画であろうと考え，僭越ではあるが編者をお引き受けすることにした．原稿執筆にあたっては，高校生や教養課程の大学生のように専門知識がまだ十分でない人たちにも読んでもらえるよう，できるかぎり平易な表現を心がけた．本書が契機となって，一人でも多くの学生が福島の農業復興ひいては日本の農業再建を志して自らの進路を選択してくれることを，大学の出版会として切に願うためである．

なお，福島の農業復興を扱っていながら，なぜ飯舘村のことに一章を割かないのか，という意見もあるだろう．飯舘村は今年から居住制限が解除されたものの，汚染の状況は村内でも大きく異なり，帰還についても村の中でさまざまな意見がある．しかしながら，私自身，大勢の方々との交流ができた伊達市とは異なり，避難が続いてきた飯舘村では，努力はしてみたものの，ごく少数の方々としか交流をもつことができなかった．飯舘村の状況については，組織的に飯舘村の農業復興を支援されてきた先生方によって，一冊の本としてまとめられることを期待している．

著者を代表して　根本圭介

執筆者一覧（執筆順）

根本圭介（ねもと・けいすけ）　東京大学大学院農学生命科学研究科教授（はじめに・第1章・おわりに）

高田大輔（たかだ・だいすけ）　福島大学農学系教育研究組織設置準備室准教授（第2章）

小松知未（こまつ・ともみ）　北海道大学大学院農学研究院講師（第2章）

三浦　覚（みうら・さとる）　国立研究開発法人森林研究・整備機構森林総合研究所企画部上席研究員（第3章）

眞鍋　昇（まなべ・のぼる）　大阪国際大学人間科学部教授・東京大学名誉教授（第4章）

石井秀樹（いしい・ひでき）　福島大学うつくしまふくしま未来支援センター農・環境復興支援部門特任准教授（補章）

編者略歴

根本圭介（ねもと・けいすけ）

1960 年　生まれる
1988 年　東京大学大学院農学系研究科博士課程修了
現　在　東京大学大学院農学生命科学研究科教授．農学博士

主要著書

『地球環境と作物』（分担執筆，博友社，2007），
『アジアの生物資源環境学』（分担執筆，東京大学出版会，2013）
ほか

原発事故と福島の農業

2017 年 9 月 25 日　初　版

［検印廃止］

編　者　根本圭介（ねもとけいすけ）

発行所　一般財団法人　東京大学出版会
代表者　吉見俊哉
153-0041 東京都目黒区駒場 4-5-29
http://www.utp.or.jp/
電話 03-6407-1069　Fax 03-6407-1991
振替 00160-6-59964

印刷所　株式会社三陽社
製本所　誠製本株式会社

ISBN 978-4-13-063367-3　Printed in Japan